우 리 의 취 향

우리의 취향

ⓒ 고연주 2014

초판 1쇄 인쇄 2014년 8월 20일
초판 1쇄 발행 2014년 8월 25일

지은이 고연주

펴낸이, 편집인 윤동희

편집 김민채 황유정
기획위원 홍성범
디자인 한혜진
종이 이매진 250g(표지) 그린라이트 100g(본문) 아트 150g(띠지)
마케팅 방미연 최향모 유재경
온라인 마케팅 김희숙 김상만 한수진 이천희
제작 강신은 김동욱 임현식
제작처 영신사

펴낸곳 (주)북노마드
출판등록 2011년 12월 28일 제406-2011-000152호

주소 413-120 경기도 파주시 회동길 216
문의 031.955.1935(마케팅) 031.955.2646(편집) 031.955.8855(팩스)
전자우편 booknomadbooks@gmail.com
트위터 @booknomadbooks
페이스북 www.facebook.com/booknomad

ISBN 978-89-97835-61-4 03980

우리의 취향

라오넬라 여행 산문집, 다시 여행을 말하다

고연주 지음

북노마드

차 례

작가의 말 - 8

Part 1

우리의 취향 - 12

나는 당신이 좋다 - 15

마피시 무시낄라 - 19

게으르게 사랑해주세요 - - - - - - - - - - - - - - - - - - 25

석양의 필담 - 27

알란의 하루는 간다 - 30

시리아식 걸음 - 38

난간에 걸터앉는 법 - 40

런던, 아, 런던 - 46

Part 2

안녕, 엉클 존! - 55

때로 오랜 시간을 떠나온 것 같지만 - - - - - - - - 60

서른이 되자 - 62

사막을 껴안은 거라고! - - - - - - - - - - - - - - - - - - - 65

꿈처럼 기상하기 - 69

리스본의 등대 - 72

우리는 토르소처럼 사랑했다 - - - - - - - - - - - - - 76

그러고도 그건 사랑일 수 없을까 - - - - - - - - - - - 79

다만 우리는 아직 만나지 못했다 - - - - - - - - - - - 81

Part 3

약간 무거운 사람 ---------------------------- 86

당신과 나의 발음 ---------------------------- 93

창 ---------------------------- 97

내가 찍어온 시간 ---------------------------- 98

길을 잃자 ---------------------------- 110

이방의 날들 ---------------------------- 113

맥주를 마시자 ---------------------------- 120

죽지 않아도 되겠다 ---------------------------- 127

몰타의 언어 ---------------------------- 131

Part 4

소란한 친절 ---------------------------- 139

낭비하기 좋은 날씨 ---------------------------- 145

당신을 기다리는 사랑 ---------------------------- 146

언니의 취향 ---------------------------- 155

내가 아직 오지 않은, 이스탄불이야 ---------------------------- 161

무서워서 한 걸음 ---------------------------- 164

살아보고 싶은 길. 살아보고 싶은, 길 ---------------------------- 168

사랑하지 않는 것이 불가능하다 ---------------------------- 176

내가 그립다 ---------------------------- 186

Part 5

피라미드가 보이는 집 - 190

파라다이스는 없다는 희망 - - - - - - - - - - - - - - - - - - - 194

우리를 건너는 늦은 오후의 시간 - - - - - - - - - - - - - - 202

당신의 삶, 나의 시선 - 207

기다리는 시절 - 213

오늘은 쓸모없는 것을 사고 싶어 - - - - - - - - - - - - - - 220

이방인 놀이 1 - 224

이방인 놀이 2 - 226

이방인 놀이 3 - 229

Part 6

노래를 불러요 - 232

나는 그대의 새로운 연인 - - - - - - - - - - - - - - - - - - - 240

산츠 역에서 만나 - 245

번역 - 246

최초의 꿈 - 249

비 - 253

So Far, So Good - 상하이의 아홉시 - - - - - - - - - - - - 257

어서오세요, 여기서부터 사랑입니다 - - - - - - - - - - - 261

전봇대의 시절 - 262

작 가 의 말

10번 트랙을 좋아하는 사람이 되고 싶었다. 10번 트랙을 좋아하는 사람이 좋다. 내가 결코 2번 트랙이 될 수 없다는 것을 깨달은 뒤부터였는지, 아니면 10번 트랙을 좋아한 뒤부터였는지는 모르겠다. 10번 트랙이 되고 싶다. 나의 취향은 여전히 2번 트랙을 벗어나지 못하지만, 그래도 우리는 같은 취향을 하나쯤 가졌으면 좋겠다.

나는 아직도 살아가는 데 지지부진하고, 천천히 그러나 제쳐놓지는 않고 세상을 걸어 다녔다. 이 책에 다섯 살에 시작한 최초의 여행부터 서른까지의 여행을 담았다. 구구단보다 먼저 외운 버스 노선들, 11번, 83-1번 버스, 한글보다 먼저 혼자 버스 타는 법을 가르친 나의 어머니.

그래서였을 것이다. 나는 사는 것처럼 여행하고 싶었다. 그 나라의 사람들에게 말을 걸었고 여행객 티를 벗어버리기 위해 옷을 갈아입었다. 여행에서 돌아오면 친구들은 한동안 나더러 이상한 옷 좀 그만 입으라고 타박하기도 했다. 외국어를 발음할 때는 목소리가 변하길 바랐다. 기념품을 챙겨오기보다는 그 나라 사람들이 자주 마시는 차, 그 나라의 담배, 그 나라의 자주 쓰는 단어가 입에 배길 바랐다. 스페인의 '께 빠싸¿Qué pasa?' 같은. 그러나 아주 입에 배지는 못했을 것이다. 결국 나는 여행객의 시선으로 옷을 갈아입으며, 이 글을 읽을 사람들이 자신의 여행을 반추할 수 있기를 바란다. 당신과 내가 애정을 담아 한 걸음씩 숨을 쉬어가며 걸었던 길들, 나의 취향이 그 시간들을 당신에게 안아다주면 좋겠다. 위로가 되고 싶다.

세계 정복이 꿈이라고 진담 가득 담긴 농담을 한다. 그것은 세계에 발을 내딛어보는 정복이다. 열일곱에 처음 홍콩을 거쳐 영국에 갔다. 스코틀랜드가 영국인 줄도 모르고 갔다. 여행은 그런 식이었기 때문에 유연하지 못하게 부딪혔고 아는 것보다는 깨닫는 게 많았다. 오랜 시간을 들여야 했다. 한 도시에는 적어도 2주일 이상은 머물러야 했다. 영국, 프랑스, 일본, 호주, 이집트, 요르단, 시리아, 라오스, 터키, 중국, 오스트리아, 몰타, 스위스, 이스라엘, 스페인, 포르투갈, 태국. 때로 내 사람이 남지 못한 나라도 있었지만, 문득 '안녕' 하고 전화라도 걸 수 있는 친구를 만들기 위해 애썼다. 이 글들은 그 시간 동안 조금씩 적어둔 것, 혹은 그것을 다른 나라로 옮겨 고쳐낸 것들이다. 착륙할 때의 설렘을 당신도 잊지 않고 살았으면 좋겠다. 이십 분 후에 착륙합니다, 새로운 언어의 세상으로 비행기 문이 열릴 때, 심호흡을 크게 하던 그 기분.

그 시간을 열어준 사람들, 그 시간을 함께 견디어낸 사람들, 그 시간을 이 책에 펼치게 해준 사람들에게 감사하다. 원고를 보자마자 바로 결심을 해주신 윤동희 대표님, 나보다 오랜 시간을 들여 글을 읽어주었을 편집부 김민채씨, 항상 팬이라며 나를 추어주고 이 기회에 닿게 해준 방미연씨, 그러고도 내가 적지 못했을 북노마드 분들에게 감사하다. 이모와 이모, 보영 언니, 현석 오빠, 다 적지 못한 나의 가족과 친척들. 떠나는 습성은 어머니에게서 혹은 아버지에게서 탯줄로 이어졌을 것이다. 낯선 길에서 어눌했던 나에게 길을 알려준, 이 글에서 떠올렸거나 떠올리지 못한 길 위의 사람들, 고맙다.

아름다운 것을 보면 가장 먼저 손가락을 들어 저기를 보라고 떠들어주고 싶은 나의 '멍충이들' 은주, 혜진, 은선, 초희. 그리하여 돌아오게 하는 동진. 여러 여행 동안 내 엽서를 받아주신 윤영자 선생님.

세계를 정복해서 가장 아름다운 것만 바치고 싶은 내 생의 5할, 나의 어머니, 윤종선 여사. 나는 결국 서울로 돌아왔다. 밤이 울고 있다. 가을이 온다. 약간 뾰족한 달도 뜰 것이다. 나무는 이내 풍성하게 거칠어질 것이다. 나는 조용히 기다리고 있다.

2014년 8월
고연주

Part o 1

우리는 국적도 없이 이름도 없이 직업도 없이 친
근하길 바란다. 우리의 취향은 옅으므로 당신도
나도 많은 것을 염려할 필요가 없다. 우리의 취
향이 옅더라도 걱정할 필요는 없을 것이다. 우리
는 떠나왔다는 취향을 공유하고 있을 것이므로.

우리의 　취향

　발음조차 낯선 이름의 동네에서 나는 아직 옅다. 마시던 커피, 피우던 담배, 즐겨 입는 옷의 스타일, 자주 쓰는 농담을 미루고 쉬운 질문에 어렵게 대답하는 사람, 말이 어눌한 사람을 좋아하는 사람이기를 포기하고 나는 부풀려지거나 줄어든다. 인사를 나누고 이름을 묻고 타인의 취향을 끌어안는 일에 너그러워진다. 당신의 취향도 아직 옅은 상태일 것이므로 우리는 쉽게 포기하고 자주 반갑다.

　밤이 새도록 이야기를 나누고서야 나는 당신이 서른셋이라는 걸 알았다. 당신을 보는 순간 단번에 한국 사람이 아닌가 생각했지만 나는 굳이 한국인이냐고 묻지 않았다. 우리는 이름도 없이 만수라의 밤과 투니스의 낮을 이야기했다. 내가 여행을 하지 않았으면 했을 일에 대한 이야기와 당신이 여행을 시작하기 전에 하던 일을 이야기했다. 광야 한가운데 덩그러니 있다는 당신의 레스토랑에 대해 이야기했다. 마을까지 가려면 적어도 이십 분을 넘게 달려야 했으므로 당신의 레스토랑에 오는 사람들은 떠나왔거나 돌아가는 사람들이었다는 이야기를 했다. 나는 그런 식당에 가본 적이 없다는 이야기를 했고 그러나 그런 식당이 나오는 영화를 본 적이 있다고 이야기했다. 〈바그다드 카페〉의 야스민을 꿈꾼 적이 있다는 이야기를 했다. 그제야 당신은 미국에서 왔다고 이야기했다. 여전히 당신이 한국계 혼혈이거나 적어도 일본계나 중국계 혼혈일 거라고 생각했지만 묻지 않았다. 처음 당신에게 어디에서 왔느냐고 물었을 때 리비아에서 왔다고 했기 때문이었다. 나는 당신의 국적이나 마을을 물은 것이었지만 당신은 이곳에 들어오기 전 체류한 나라를 대답했으므로 그것은 그것으로 역시 좋다고 생각했다. 어쩐지 당신의 국적이나 당신 부모의 국적으로 당신을 반가워하고 싶지는 않았다. 당신은 손님이 올 때마다 항상 어디에서 왔느냐고 묻는다는 이야기를 했다. 그들은 당신이 들어본 적도 없는 미국의 어느 마을에서 왔다고 했다. 근처에 관광지가 있는 것도 아니어서 외국인은 별로 없다는 이야기도 했다. 그러나 미국이라면 누구나 다 외국인이지 않겠느냐는 이야기를 했다. 어디에서 왔어요? 나는 베에르셰바에서 왔어요. 어디에서 왔어요? 나는 카사블랑카에서 왔어요. 어쩐지 그러면 나는 온전히 여행자가 된 것 같다. 이미 옅은 우리, 를 쌓는 마지막 경계마저 허물어지는 느낌이 든다.

이 나라의 말을 할 줄 몰라 택시를 어떻게 잡을지 걱정하던 당신에게 함께 택시를 타자고 권한 뒤 당신을 먼저 내려주고 돌아가는 길, 우리는 어떤 연락처도 주고받지 않았다. 이곳은 작은 마을이니까, 우리는 아마 다시 만날 거예요. 나는 당신을 만날지 알 수 없다. 다만 나는 내가 여행하지 않았더라면 만나지 않았을 사람들에 대해 생각한다. 마을에서 이십 분이나 떨어진 광야에 덩그러니 놓인 레스토랑에서 일을 하는 당신, 일식과 월식을 찾아 나라에서 나라로 옮겨와 해와 달을 기다리는 노부부, 여행지에서 만나 여행지에서 결혼을 하고 아직도 여행을 하고 있는 젊은 부부, 펜팔로 만나 몇 달째 함께 여행중인 친구, 이런 이야기를 지니지 않았더라도 여행하지 않았더라면 만나지 않았을 사람들에 대해 생각한다. 책을 좋아하지 않고 술을 좋아하지 않고 비슷한 음악을 좋아하지 않고 다른 차림의 옷을 입고 다른 종류의 공부를 했거나 하지 않았거나 하다못해 담배를 피우지 않는다는 이유로라도 만나지 않았을 사람들에 대해 생각한다. 그러나 여행을 하면 우리는 괜찮다. 당신도 나도 우리의 취향을 온전히 지킬 수 없으므로, 묻는다. 어디에서 왔어요?

우리는 국적도 없이 이름도 없이 직업도 없이 친근하길 바란다. 우리의 취향은 옅으므로 당신도 나도 많은 것을 염려할 필요가 없다. 우리의 취향이 옅더라도 걱정할 필요는 없을 것이다. 우리는 떠나왔다는 취향을 공유하고 있을 것이므로.

나는   당신이 좋다

한 달을 시드니에 머물다가 한국에 돌아가려고 하니 L이 묻는다. 여행은 좋았느냐고, 어디를 다녔느냐고. 몇 군데 어물어물 말하니까 아예 지도까지 펼쳐 들이민다. 여긴 다녀왔어? 여긴 어땠어? 다녀온 곳도 있고 다녀오지 않은 곳도 있다. 이제 L은 화를 낼 기세다. 어떻게 시드니에 한 달을 있었으면서도 여길 가보지 않았느냐고, 나를 쳐다보지도 않고 지도에 코를 박는다. 오페라하우스에는 들어가봤어? 겉에서만 봐선 오페라하우스를 봤다고 할 수가 없지. 본다이 비치에는 가봤지? 시드니에 왔다 하면 말이야…….

하지만 나는 당신의 모든 것을 모르고도, 당신이 좋다. 당신이 직장에서 어떻게 일하는지, 당신이 엄마에게 어떻게 투정을 부리는지, 당신은 어떤 동생이었는지 모르고도 나는 당신을 좋아한다. 나와 당신에게 놓인 나의 당신, 미안하거나 멋쩍을 땐 농담을 던지는 버릇, 통화를 할 때마다 '그만 끊을게' 하는 습관, 식당에서 물을 부탁할 때의 말투, 나는 '당신의 첫'을 보지 못하고도 당신이 좋다. 그래도 나는 당신을 사랑한다고 말할 수 있다.

나는 그 이름들을 몇 번 책에서 본 것도 같다. 시드니에서 꼭 가야 할 곳을 한 권으로 묶어놓은 책에서도 보았다. 몇 번이나 보고 나니까 꼭 가보아야 할 것 같은 사명감이 들어서 가지 않았다. 나는 당신의 소문을 일일이 확인하지는 않을 작정이다. 당신이 내게 이야기해줄 때까지 느긋이 기다려지. 당신의 아름다운 소문도 슬픈 소문도 채근하지 않을 작정이다. 예상하지 않은 일요일 이른 오후 맥주를 까놓고 '내가 너에게 말한 적이 있나. 내가 여덟 살 때 말이야.' 당신은 잠깐씩 말을 멈추었다가 호흡을 뗄 것이다. 그 호흡에도 서사敍事가 있을 것

15

이다. 나는 안달하지 않을 것이다. 우리 맥주 하나 더 있나? 당신의 소문과 비밀 사이에서 말이 잠깐 끊겨도 좋다. 어디까지 했더라. 당신은 불필요할 정도로 상세하게 들려줄 것이다. 당신의 가장 아름다운 소문.

여느 도시마다 있는 미술관이나 박물관이라든지. 사진은 찍었지만 일 년이 지나고 나면 사진을 보아도 무엇이었는지 기억나지 않는 어떤 유물이라든지. 누군가 어디냐고 물으면 이름 말곤 꺼낼 이야기가 없는 곳이나 기구한 역사를 이야기해줄 수는 있지만 나의 역사는 없는 곳이 아니라, 이름에 온도와 냄새가 따라오는 사진. 나는 당신의 명함을 꺼내 당신을 사랑하지는 않을 작정이다.

나는 한 달 동안 나의 이야기를 걸었다. 당신은 아주 사소한 사진, 어디든지 있는 우체통 같은 사진, 하지만 내가 나에게 엽서를 부쳤던 동네의 낡은 우체통 사진. 집배원이 아니면 거

기에 우체통이 있는 줄도 모를 골목길에 놓인 우체통 사진, 누군가 '여기가 어디냐'고 묻지도 않을 테지만 그래도 행여 묻는다면 '한국에 도착할 나에게 엽서를 써서 집어넣은 우체통'이라고, 그날은 비가 왔더라고, 그런데 보니까 우체통에 비가 새더라고, 나는 엽서를 적시고 싶지 않아서 잠시 망설였다고, 그래도 나는 끝내 나의 이야기를 집어넣었다고 '이야기'할 수 있는 아주 사소한 사진.

당신은 낡은 골목의 사소한 우체통, 물론 나는 명백하게 당신이 좋다.

마피시 무시낄라

　사람들은 이집트에 대해 '인샬라'라고 적는다. 모든 것에 힘이 많이 드는 나라, 인샬라. 물건 하나를 살 때마다 한 번은 싸워야 하고, 그나마 돌아서면 숨을 쉬는 것도 쉽지 않을 정도로 더운 나라. 다툼과 고함이 풍경처럼 깔려서 어디서든 나를 불러대는 상인들 혹은 나를 구경하는 사람들. 아랍어 특유의 억양 때문이기도 하겠지만 시리아나 요르단은 이처럼 소란스럽지 않으니 아무리 이집트의 아랍어가 사투리라고는 해도 비단 아랍어 때문은 아닐 것이다. 손님을 찾는 택시는 클랙슨을 울리고 손님을 찾지 않는 택시도 클랙슨을 울리고 그냥 자기 갈 길을 가는 자가용도 클랙슨을 울린다. 이집트의 클랙슨은 경계와 경고의 소리가 아니다. 타이어가 미끄러지는 소리, 엔진이 돌아가는 소리, 내가 여기에서 달리고 있다는 것을 알리는 소리이다. 여기저기서 중고차를 사오다보니 백미러가 없기 일쑤라 보아야 할 것을 소리로 알린다. 사람과 차와 사막과 바람이 소리를 질러서 마음이 다 멍멍하다.

　관광지에서 혹은 외국인에게 바가지를 씌우는 건 당연하다. 하물며 서울에서 태어나 서울말도 잘하고 서울에서 물건도 제법 사본 나지만 전자제품을 잘 모르면 용산 전자상가 같은 데에서도 바가지를 쓰게 되니까 단순히 '바가지'로 이집트를 이야기할 수는 없을 것이다. 문제는 바가지에 대한 예의가 없다는 데 있다. 바가지도 이 정도면 자의식을 가진다. 이름이라도 붙여줘야 할 것 같다. 호스텔에서 만난 한 미국인은 5파운드면 될 거리를 100파운드를 냈다고 했다. 이건 밑도 끝도 없고 죄책감도 없는 가격이다.

　"너네는 외국인에게 왜 그렇게 많은 돈을 받는 거야?"

　"그들은 우리보다 돈이 많으니까."

　"돈이 많다고 해서 물건의 값이 달라지는 건 아니잖아."

그는 이렇게 이야기하는 나를 보곤 정말 이상하다는 듯 물었다.

"돈이 많은 사람은 돈을 많이 내고 물건을 사는 거지. 그게 왜 이상해?"

외국인은 그들보다 돈이 많으니까 더 많은 돈을 내고 물건을 사는 건 당연하다. 똑같은 물을 마시는데 스위스에서는 한 병에 이천 원, 한국에서는 천 원, 그렇다면 이집트에서는 '사기를 당해서' 오백 원에, 마실 수도 있는 노릇이다. 하지만 우리를 화나게 하는 건 쟤한테는 백 원 받는데 왜 나한테는 오백 원을 받는가, 하는 문제가 아닌가. 스위스에서 물 한 병에 이천 원을 낸다고 화가 나지는 않으니까. 그럼 우리는 이제 이렇게 생각하자. 이집트에서는 원래 물이 오백 원인데 현지인한테는 할인해서 백 원.

물건 값을 정하는 데도 오래 걸리고 계산을 할 때도 오래 걸린다. 아랍어 숫자를 쓰기 때문에 아라비아 숫자로 적은 것을 다시 아랍어 숫자로 이해한 다음에 계산하고 다시 아라비아 숫자로 바꿔 알려주는 식이다. 우리는 123을 '백이십삼'이라고 읽지만 아랍어로는 '백삼이십'이다. '백 그리고 삼 그리고 이십'이라고 읽는다. 123과 123을 더하려면 아라비아 숫자 백이십삼을 아랍어 숫자 백삼이십으로 바꿔 이해한 뒤에 계산한 이백 그리고 육과 사십을 아라비아 숫자로 바꿔서 이백사십육이라고 알려줘야 하니 오래 걸리는 게 아닐까. 물론 이건 아랍어의 문제는 아닐 것이다. 독일어도 십 단위에선 비슷한 방식으로 셈한다고 들었고 몰타는 아랍어로 숫자를 말하니. 그러니 역시 이건, 이집트의 숫자.

버스를 한번 타려고 해도 시간이 많이 든다. 동네 마이크로 버스야 사람이 다 차면 출발하는 식이니 애초부터 시간이랄 게 없고, 고속버스가 제 시간에 출발하지 않거나 아예 출발하지 않더라도 기다리는 수밖에 없다. 은행이나 정부청사도 마찬가지다. 몇 시간은 기본이다. 그들이 빠르게 챙기는 건 점심시간과 퇴근 시간밖에 없어서 지체 없이 '보크라(내일)'! 내가 비록 어제도 왔더라도.

그래서 여행을 마친 많은 사람들은 '인샬라'라고 말한다. 모든 게 '인샬라'로 통하는 나라. 안내를 약속한 가이드가 돈만 받고 약속 장소에 나오지 않았을 때에도, 내가 주문한 물건이 완전히 망가져서 쓸 수 없더라도, 예약금을 내고 온 호텔에 방이 없더라도, 인샬라.

인샬라. 신의 뜻이라면. 얼마나 낭만적인 말이냐. 그래서 나도 이집트에 온 지 얼마 되지 않았을 때에 '모든 것이 인샬라로 통하는 나라'라고 적은 적이 있다. 인샬라, 샬라샬라 살랑살랑 입안에 굴려보면 얼마나 산뜻하게 굴러가는지. 하지만 현실은 그렇게 낭만적이지 않다. 이집트에 있으면서 나를 화나게 하는 말은 '인샬라'처럼 이국적이지도 않고 아름답지도 않다. 마피시 무시낄라. 노 프라블럼. '마피시 무시낄라'에는 신도 없고 낭만도 없고 책임도 없다.

마피시 무시낄라.

어쩌면 이건 중의적으로 해석되어야 한다. 예약한 시간에 차가 도착하지 않으면, 마피시

무시낄라. 택시가 달리다가 문짝이 떨어지면, 마피시 무시낄라. 물건을 사는데 잔돈을 주지
않으면서, 마피시 무시낄라. 나는 분명 문제를 맞닥뜨렸는데 그들은 손을 내저으며 '마피시
무시낄라'. 그래서 이건 중의적으로 해석되어야 하는 것이다. 버스를 못 타는 건 네 문제이지
나에게는 '문제가 없다'는 의미이거나 달리다가 교통 사고가 나더라도 그건 차의 문제이지
내 운전의 '문제는 아니'라거나 거스름돈을 못 받는 건 너의 문제이지 '나는 문제없다'거나.
마피시 무시낄라.

문제 있어요! 문제 있다고요! 문제 있다니까요!

문제 있는 밤을 며칠 정도 보냈다. 밤도 항상 소란에 안겨 있다. 하루 다섯 번의 기도 중에
서 마지막 기도를 하고, 사람들은 싸운다. 싸우고 또 화해한다. 종일 거리를 돌아다니면 한
번은 꼭 싸우는 사람을 본다. 그들은 아예 그 정도는 싸우는 것도 아니라고 생각하지만. 처
음에는 놀라 휘둥그레 쳐다보았다가 이제는 가뿐하게 걸어갈 수 있게 되었다. 골목을 끝까
지 걸었다가 돌아와보면 그들은 어느새 뺨에 입을 맞추고, 마피시 무시낄라. 소란이 조금 가
라앉으려고 하면 새벽 다섯시가 못 되어 또 하루의 첫 기도를 시작한다. 그리고 곧, 싸운다.

그래서 나는 이집트가 좋다. 싸우지 않는 사람이 아니라 싸우고도 화해할 수 있는 사람이
어야 한다. 오늘 밤 당신과 싸우더라도 내일은 당신에게 돌아갈 수 있다는 믿음과 평안. 오
늘은 우리가 다투어도 당신이 나를 미워하지는 않을 것이라는 안심. 비로소 충실하게 나는
당신이 좋다.

마피시 무시낄라, 마피시 무시낄라.

게으르게　사랑해주세요

이집트는 느리다. 목소리는 크고 바람은 당차게 불고 차는 돌진하지만 그래도 이곳은 느리다. 유연한 것은 아무것도 없다. 늑대인지 개인지 구별할 수 없는 들개가 느리게 걷고 나는 느리게 두려워한다. 사람들은 빠르게 말하고 운전사는 120킬로미터로 달려도 이곳은 느리다. 120킬로미터로 달리고 달려도 이집트는 너무 크다. 일을 하는 것은 더욱 느리다. 오늘 해보고 안 되면 내일, 내일도 안 되면 하지 않는 게 신의 섭리인 나라에서 그녀는 유연하다. 오늘 가야 할 곳을 내일로 미루지 않고 오늘 먹어보아야 할 것을 내일로 미루지 않는다. 그녀의 계획은 그녀를 속이거나 기만하지 않지만 이곳은 그녀를 속이고 그녀의 계획을 기만한다. 그녀는 도무지 이곳을 사랑할 수 없다. 사람들은 게으르고 느리다. 그녀도 게으르고 느려야 한다. 사람도 사랑도 느려서, 충분히 게을러져야 그들을 사랑할 수 있다.

한때 한 시인이 쓴 인도 여행기가 많은 사람들에게 읽힌 적이 있다. 사람들은 그 책을 읽고 인도로 떠났다. 사람들은 시인이 자신을 기만했다고 농담처럼 말하더라는 이야기를 들었다. 책 안에 적힌 인도와 자신이 밟은 인도는 정말 달랐다고. 나는 인도에 가보지 않았지만 이집트가 인도와 비슷하다는 이야기를 종종 들었다. 그녀는 조금 기다릴 필요가 있다. 그녀가 조금 지저분해질 때까지 많이 느려질 때까지 기다려야 한다. 아무것도 판단하지 않으면서 기다려야 한다. 의심하되 멀지 않게 그녀가 충분히 게을러만 준다면 이곳은 천천히 조금씩 그러나 꾸준히 그녀에게 걸어갈 것이다.

석양의 필담

옆 테이블에 앉은 남녀가 연신 필담을 나누고 있다. 처음에는 남자나 여자 둘 중 누군가가 말을 하지 못하는 줄 알았다. 가만히 밤이 내린다. 읽던 책의 활자가 거뭇하니 보이지 않기 시작한다. 남녀의 등 뒤로 어스름 속에 동방명주가 까무룩 잠겼다가 켜진다. 나는 이제 그들이 어쩌려는지 궁금하다. 천박한 호기심이다. 그들의 공책도 어스름에 잠기었을 것이다. 그들은 이제 영어로 대화를 나누기 시작한다. 남자가 유창하지는 않은 영어로 꽤 길게 이야기하면 여자는 예스 또는 노, 정도로 짧게 대답하면서 유창하게 수줍어한다. 남자는 답답한지 옅게 퍼지는 건물의 빛을 찾아 그녀의 그림이거나 글씨인 것을 여기저기 들어 두리번거린다. 이제 책은 전혀 읽을 수가 없다. D에게 빌린 존 업다이크였다. 빌린 건 벌써 삼 년 전 일이지만 나는 일부러 읽지도 않고 돌려주지도 않고 있었다. 나의 이 고집을 어떻게 설명할 수 있을까.

사람들이 삼삼오오 모여서 두런거리면서 밤을 하나씩 나른다. 남녀의 뒤로 다채롭게 널린 야경이 한마디, 한마디로 술렁거려도 남자와 여자는 고요하게 수다하다. 나는 이미 다 먹은 샐러드 접시를 뒤적거리며 내가 먹지 않을 샐러리를 포크로 집었다가 나이프로 다시 빼어 내려놓으면서 그들을 은밀하게 살핀다. 그들 사이에 한 무리가 앉았다가 일어서기도 한 시간이다. 업다이크의 『달려라 토끼야』는 D가 좋아하는 책이라며 내게 빌려준 것이다. 나는 그래서 읽고 싶지가 않았던 것이다. D는 나에게 취향을 요구하지 않으며 그러므로 D는 나의 요구도 들어주지를 않고 그래서 나는 때로 도무지 동의하고 싶지가 않다. 터무니없이 무거운 고집으로 나는 여기까지 와서 업다이크를 일주일째 읽고 있다. 남자는 여자에게 좀더 바짝 다가앉는다. 여자의 어깨가 긴장한다. 어깨와 어깨 사이로 남자는 좀더 크게 제스처를 한다. 남자의 손가락이 여자의 어깨뼈 위에서 망설이며 굽혔다가 펴진다. 나는 읽은 데까지 표시하기 위해 끼워뒀던 엽서를 꺼낸다. 너에게 엽서를 써야겠다.

페르시아어나 노어, 몰타어 어디쯤으로 적자. 너는 내 말을 알아들을 수 없고 나는 네 말을 알아듣지 못하는 채로 우리는 서로 다른 숲에 누워 맥주를 한 잔씩 마시자. 너는 내 말을 끝내 알아들을 수 없지만 나를 이해할 수 있었으면 좋겠다. 나는 네 말을 결코 알아들을 수 없지만 너를 가만히 안아줄 수 있었으면 좋겠다. 어둑해져도 두렵지 않을 것이다.

우리는 한국어로 이야기하기 때문에 오해하는 것이다. 우리는 외국어로 말하자. 상대의 말을 이해할 수 없다고 조금 수줍어하자. 상대의 말을 잘 알아들을 수 없으니 오롯이 귀를 기울이자. 조금이라도 다른 생각을 하면 놓치고 만다. 내가 잘못 알아들은 모양이라고 생각하자. 미안해하며 조금만 더 쉽게 말해달라고 청하자. 조심스럽게 다가가,

우리는 오늘 바이링귀스트 Bilinguist가 되어 나는 나의 모국어로 너는 너의 모국어로 이야기하자. 탯줄보다 깊은 곳에 있는 모국어, 조국도 영토도 없는 모국어로 이야기하자.

우리는 오늘 우리가 사는 세계보다 조금 더 따뜻해졌으면 좋겠다. 내가 남기고 온 여자와 남자 사이에 놓인 활자 위로 상해의 저녁이 이울고 있었다.

알란의 하루는 간다

　이곳에는 성이 다른 세 명의 가족이 살고 있다. 나는 이 문장을 여러 번 지웠다가 적었다, 적지도 않고서 지웠다가, 적었다. 알란의 성은 사타리아노이고 알란의 아들인 매튜의 성은 카터이다. 그리고 나의 성은 고이다. 그리고 알란은 곧잘 '가족'이라고 말한다. 나는 그럴 때마다 손사래를 치고 웃는다. 이 집에 머문 지 일주일 정도 되었다. 아침이 되면 각자 다르게 일어나고 낮이 되면 역시 각자 다르게 왔다 가고, 저녁이 되면 가끔 모인다. 스무 살이 되기 전부터 맥주를 한 잔씩 얻어 마신 적이 있는 동네의 오래된 바bar에 가는 것처럼 알란의 방으로 간다. 아무도 나를 부르지 않아도 내 자리 하나쯤은 항상 비어 있는 바. 내가 있을 것이라고 생각하고 온 친구가 비워둔 내 자리가 있는 바. 그날 저녁 끝내 내가 앉지 않아도 굳이 나에게 전화를 걸지는 않을 정도의 자리. 알란은 누가 듣든지 말든지 기타를 친다. 약간 열리고 약간 닫힌 알란의 방에 들어서면 오래된 마리화나 냄새가 난다. 나는 오래된 마리화나가 어떤 냄새를 풍기는지 모른다. 오래된 마리화나 냄새를 모르면서 상상이 가능하다, 알란의 방은 십 년쯤 취해 있던 것 같다. 알란이 '내 집이라고 생각하고 지내'라고 말하기 전부터 나는 문을 열고 아늑해졌다.

이곳에는 국적이 다른 세 명의 가족이 살고 있다, 라고 나는 이제 제법 편안하게 적을 수도 있다. 말티즈 부모를 둔 알란은 영국에서 태어난 영국 국적자이고, 아들인 매튜는 다른 영국인 새 아버지의 성을 따 영국 성을 쓰고 있지만 몰타 국적자이고, 나는 한국 성을 쓰는 한국 국적자이다. 그리고 알란은 자주 '가족'이라고 말한다. 알란은 전혀 아버지 같지 않고, 매튜는 곧잘 아들 같지만 우스꽝스럽게도 알란이 자주 나를 끼워서 '가족'이라고 말하는 것은 내가 '어머니의 맛'을 낼 줄 알기 때문이다. 올해 쉰여섯인 알란은 내가 저녁을 하면 곧잘 말한다.

"우리 어머니도 이런 음식을 만들어주셨어."

그건 닭볶음탕이었고, 잡채였고, 볶음밥이었다. 대체 어머니가 무엇을 만들어주셨던 거야, 알란. 나는 쉰여섯 알란의 어머니 역할을 맡아도 알란은 당최 아버지의 역할은 맡지를 않는다.

"알란, 나는 아저씨가 참 좋아요. 왜냐하면 아저씨는 내 아버지가 아니기 때문이에요."

알란은 취해 있거나 취하기 위해 자고 있거나 취해서 자고 있거나 취하기 위해 일어난다. 그리고 매일 아침 꼬박꼬박 병원에 간다, 일곱시부터. 꼭 일곱시에 일어나 병원에 가서 약을 받아와 장장 열두 알이나 되는 알약을 맥주와 함께 털어넣는다. 알란은 매일 맥주를 사고 나도 매일 맥주를 사고 때로는 손님도 맥주를 사오는데, 밤이면 맥주가 없다, 매일같이. 결국 나는 냉장고 야채 칸에 맥주 한 캔을 넣어두며 말했다.

"Emergency only!"

매일 밤 응급 상황이 발생한다. 알란은 응급 상황을 이겨내고 또 맥주를 마시고 또 새벽부터 일어나 병원에 간다. 마치 술을 마시기 위해서는 조금 더 건강해질 필요가 있다는 것처럼. 병원에 다녀온 다음에는 은행에 가 하루 치 쓸 돈을 찾는다. 돈을 많이 가지고 있으면 쓰기 때문에 딱 하루 치씩만 찾는다. 10유로 안팎. 이건 굉장히 성실한 생활이다. 어딘지 이상하더라도, 굉장히 규칙적일 뿐 아니라 성실하기까지 하다.

알란을 처음 만난 건 길거리에서였다. 말 그대로 그건 정말 '길거리'였다. 나는 건너편 섬에 있는 성당 같은 것을 멀리서 보아 어떻게든 거기에 가보아야겠다고 길을 걷던 참이었다. 나중에서야 그게 마노엘 섬으로 넘어가는 길이었다는 걸 알았다. 알란은 취한 게 분명한 걸음으로 걸어왔다. 취하지 않아도 비슷한 걸음을 걷는다는 건 마노엘 섬을 알 때 즈음에야 알게 되었다. 그는 대뜸 말을 걸어왔다. 우리는 아주 잠시 눈이 마주쳤고 나는 하이, 어색한 유럽 친절을 흉내낼 준비를 하고 있던 타이밍이었다. 아직 채 웃지도 않았다.

"난 오늘 저기에 있는 바에서 기타를 연주할 거야. 놀러 올래?"

나는 주변을 둘러봤다. 그가 마치 며칠 전 만난 이웃을 다시 만난 것처럼 말을 걸어왔기 때문이었다. 골목에는 아무리 봐도 나 말고는 아무도 없어서 나는 차마 무시하지 못하고 대답을 했다. 저에게 말씀하신 건가요? 미간을 살짝 찌푸려 모르겠다는 표정을 지으며 그를 약간 귀찮아하는 표정을 보이기도 했던 것 같다.

"저기, 저기에 있는 바에서 기타를 칠거야. 기타, 기타 알아?"

그는 기타를 치는 흉내를 내어보였다. 내가 모르는 것은 기타가 아니라 당신이었다. 지금 저에게 말씀하시는 게 맞나요? 제가 누군지 아세요? 너, 알지. 너는 중국에서 왔잖아. 아니야, 아니다. 너는 일본에서 왔지. 나는 전생에 일본에서 태어난 적이 있어. 놀랍지 않아? 놀라운 건 그의 전생이 아니라 현생의 그였다.

"이건 비밀인데, 사실 나는 일본에서 태어난 적이 있어. 이 흉터를 봐. 이건 히로시마에 원자폭탄이 터졌을 때 생긴 거라고. 히로시마 알아? 나는 전생에 원자폭탄 때문에 죽었어. 그래서 이런 흉터를 갖고 태어난 거지. 나는 사실 말이야. 이건 비밀인데, 열다섯 살 때는 완전 일본 사람처럼 생겼었어. 정말이야. 검은 머리에 검은 눈에, 눈이 이렇게 쫙 찢어졌다고.

그러다가 얼굴이 바뀐 거야. 네가 내 사진을 본다면 깜짝 놀랄걸. 난 정말 전생에 일본인이었어."

"아쉽게도 저는 한국에서 왔어요."

"한국! 응, 그럴 줄 알았어. 너는 한국에서 온 예쁜 여자다. 오늘 내가 저기 있는 바에서 기타를 칠거야. 너를 초대할게. 돈은 다 내가 낼게, 내가 너를 초대하는 거야. 걱정하지 마."

당연히 걱정했다. 돈을 걱정한 건 아니었다. 하지만 나는 그를 따라가기로 했다. 그를 따라가기로 한 건, 사소하게도, 그의 주머니에 이어폰 줄이 삐져나와 있었기 때문이었다. 아, 당신은 정말로 기타를 치는지도 모르겠군요. 알란은 먼저 빵을 좀 사야겠다면서 따라오라고 했다. 알란은 빵가게에서도 담배를 끄지 않아 대충 거스름돈을 받은 채 쫓겨났고, 그는 쫓겨나서도 거스름돈을 제대로 받았는지 세어보았다. 10센트까지 놓치지 않고 세는 것을 보고 나는 알란을 따라가도 괜찮겠다고 확신했다. 며칠이 지나서 나는 그에게 이 이야기를 들려주었다.

"제가 그때 아저씨를 믿고 그 바에 간 건, 호주머니에서 삐져나온 이어폰 줄을 보았기 때문이었어요."

알란이 대답했다.

"그렇다고 모든 이어폰을 믿지는 마."

바에 도착하니 세계를 항해하는 영국인 아저씨 둘과 한 부부가 있었다.

"여기는 굉장히 외진 곳인데 어떻게 알고 왔어요?"

"저기, 알란 보이지? 저 알란이 길거리에서 우리를 초대했어."

나는 이 글을 '알란의 저녁'에 쓰기 시작했다. 그때 알란은 핑크 플로이드Pink Floyd를 치고 있었고 오늘은 어디서 구했는지 모를 와인을 특별히 가져와 '알란의 파티'를 열고 있었다. 두 페이지를 적은 지금, 알란은 나갔다. 와인 한 병으로 두 페이지나 적을 수는 없으니까, 아아, 알란. 알란이 노래하던 핑크 플로이드 대신 진짜 핑크 플로이드를 들으면서 나는 내가 베풀지 못한 인연에 고맙다.

"네가 괜찮다면 우리 집에 와 있어도 좋아. 우리 집은 바다와도 가깝고 네가 묵을 방은 굉장히 근사한 풍경이 보이는 창문도 있어."

자, 이제 하루의 중요 일과를 다 마치고서 알란은 자꾸 어디서 무엇을 주워온다. 정말 별것을 다 주워온다. 하루는 사이즈가 260밀리미터 정도는 될 법한 하이힐을 주워와서는 이건 정말 새 것 같은데 신지 않겠느냐고 묻는다. 하이힐도 안 신고, 내 발 사이즈는 225밀리미터인데다, 무엇보다 대체 이런 걸 왜 주워오는 거야. 녹이 슬어 제대로 서 있지도 못하는 빨래대도 주워오고, 무엇을 위한 것인지 알 수 없는 발판도 주워오고, 게다가 그 발판을 부엌에 깔아서는 넘어지기까지 한다. 곧 집이 터질 것 같다. 깨진 타일을 주워오고 다 쓴 일회용 수저를 주워와서는 이것저것 만들어 선물도 한다. 타일에 그림을 그리거나 하드보드지에 글씨를 쓴다. 손이 떨리기 전에는 굉장한 유화도 그렸던 모양이다. 알란은 마피아였고 영국의 군인이었고 기타리스트였고 화가였다. 하지만 그가 제일 많이 했던 건 아버지였다. 매튜는 그의 네번째 결혼에서 낳은 자식이다. 평생 바빴던 알란은 여전히 바빠서는, 그림을 그리거나 노래를 부르거나 기타를 치거나 음악을 듣는다. 나를 부를 때도 그냥 부르는 법이 없다.

"Hey, Jude~"

내 이름이 '주드'가 아니라 '주'라고 설명하는 것도 이제는 지쳤다. 헤이 주드, 주드. 사실 내 이름은 '연주'야. 다만 '연'이 발음하기 힘들기 때문에 그냥 '주'라고 하는 거야. 친절하게, 천천히 그러나 확고하게 말한다. 그럼 알란은 친절하게, 천천히 그러나 확고하게 대답한다.

"OK. Jude."

그러고는 노래를 시작하는 것이다. Hey Jude, don't make it bad. 절묘하다. 'Don't make it bad'라는데 더이상 어떻게 따질 수 있겠어.

오늘은 예전에 만든 작품을 손보는 날이었다. 미국 국기와 일장기를 그려놓고 가운데에 붙여놓은 기타 미니어처가 떨어졌다. 기타를 붙이는 알란 옆에서 이게 뭐냐고 물었더니 '세계'란다. 세계는 미국과 일본이라고, 미국과 일본이 전 세계가 아니겠느냐고.

"그럼 이 기타는 뭐야?"

"이 기타는 영국이야. 영국은 미국과 일본 사이에서 기타나 치는 거지."

미국과 일본 사이에서 몰타에서 알란의 방에서 기타나 치고 알란의 하루는 간다.

알란의 집에서 한 달을 넘게 머물다 몰타를 떠날 날을 세고 있는데 알란이 넌지시 말한다.

"한국에 가면 꼭 편지를 써."

"응. 그럴 거야."

"나는 이 집에 살 거야. 죽을 때까지. 네가 편지를 쓰면 내가 꼭 답장을 할게."

"응. 그래야지."

"만약에 어느 날, 답장이 없다면, 그건 내가 죽었기 때문일 거야."

나는 지금까지 알란의 나이를 실감하지 못했다. 하다못해 롤링스톤즈, 믹 재거의 여자 친구였던 마리안느 페이스풀과 연애를 한 적이 있다고 말을 할 때도 그의 나이를 실감하지 못했다. 혹은 마리안느 페이스풀이 그의 연인이었다는 사실을 실감하지 못했거나. 그러나 알란이 '죽음'을 말하는 순간 나는 그만 그의 나이를 실감했다. 알란은 죽음을 생각하는구나.

그동안 여행을 하면서 만났던 사람들을 다시는 만나지 못한다면 그건 '삶' 때문이고 '애정' 때문이리라 생각했지, '죽음' 때문일 수 있다고 생각한 적이 없었다. 죽는, 구나. 죽어서 다시 만나지 못할 사람이 있구나. 알란이 주워온 쓸데없는 발판이 살짝 미끄러졌다.

알란은 지금 내가 묵고 있는 방을 깨끗이 치우고 새 침대를 들이고 가구를 닦아놓겠다고 했다. 내 친구들이 놀러온다면 묵게 해주겠다고. 그러다가 내가 결혼을 하면 허니문을 오라고. 호텔 같은 데서 돈을 낭비할 필요도 없지 않고, 얼마나 좋으냐고.

알란, 그래도 허니문인데, 호텔 비용 정도는 낭비해도 괜찮지 않겠어요?

시리아식 걸음

　어디를 가도 한국 사람인지 일본 사람인지 잘 구별해내는 사람이 있다. 나는 아니다. 그들이 말을 하기 전까지는 어느 나라 사람인지 알아차리지 못한다. 어떨 땐 그들이 말을 하고 있어도 헷갈리기도 한다. 하지만 희한하게도 시리아 사람만은 잘 알아본다. 몰타에서 시리아계 혼혈이었던 사람을 알아본 적도 있다. 그냥 우연이었을지도 모른다. 그러나 어쩐지 내겐 시리아의 얼굴이 있다. 시리아의 콧수염이 달린 시리아의 얼굴로 시리아의 걸음을 걷는 사람들.

　시리아 사람들은 오래된 전설처럼 걸어 다녔다.

　아주 오래전부터 걷고 있던 것처럼 걸었다. 빠르지만 바쁘지 않은 걸음걸이, 걷는 게 당연하다는 듯 걸으면서 권태롭지 않은 걸음, 그래서 우리는 누구나 그들의 걸음을 알지만 어디에서 온 걸음인지는 모르는 걸음. 전설은 새로 생겨도 아주 오래전부터 있던 것처럼 흘러간다. 에이시를 사러 가는 길. 알레포의 골목은 틀이 닳아버린 골동품 같다. 걸음을 들여놓자 잔잔한 먼지가 살포시 퍼진다. 시장 골목으로 들어가니 화덕에서 갓 구운 에이시를 늘어놓은 가게가 있다. 골목의 먼지 사이로도 빵에서 피어나는 증기가 보인다. 화덕에 덕지덕지 눌어붙은 그을음이 사뭇 따숩다. 여자 둘이 낮고 환한 웃음으로 두어 봉지를 사간다. 그녀들의 걸음이 낮게 먼지를 일으키고 나는 시리아의 오래된 이야기를 따라 걷는다.

　만 년 전의 유물과 수천 년 전의 역사를 지닌 시리아에 대해 여행자들은 이런 농담을 한다.

　시리아는 굴러다니는 돌도 유물인 나라야.

　굴러다니는 돌도 유물인 나라에서 사람들은 전설처럼 걷고 그러나 누구도 유물을 주워가진 않는다.

난간에 걸터앉는 법

　말을 못한다는 건 생각보다 매력적인 일이다. 사람들은 말이 통하지 않으면 답답할 거라고 걱정하지만 나는 말이 통하지 않아서 사랑스러워진다. 말로 치장한 내가 없어지고 마음만 남는다. 여행을 위해선 아주 많은 마음이 필요하다. 주마는 알라냐에 있는 호텔의 직원이었다. 알라냐의 모든 호텔이 성수기를 맞아 가격이 한껏 뛰었고 그나마도 구하기가 힘들어서 나보다 큰 배낭을 메고 몇 군데나 돌아다닌 뒤에야 주마가 일하는 호텔에 들어갔던 것이다. 하룻밤에 8만 원하는 호텔에 배낭을 메고 들어오는 손님은 별로 없어선지 주마는 내가 호텔비를 내느라 밥을 못 먹었을까봐 몰래 음식을 가져다주기까지 했다.

　"이렇게 비싼 호텔에 묵어도 괜찮아?"

　"할 수 없지, 뭐. 그나마 다른 덴 방이 아예 없는걸. 오늘 밤은 여기에서 자고, 내일부터는 길거리에서 자야지, 뭐."

　어깨를 으쓱하며 웃었다. 물론 농담이었다. 부담스러운 가격이었지만 그래도 길거리에 내쫓기진 않을 수 있었다. 그런데 주마는 내가 정말 길거리에서 잘 거라고 생각한 모양이었다.

　"우리 집에 가서 지내도 돼. 거긴 지금 내 여동생과 친척 동생이 살고 있어. 네가 원하는 만큼 있어도 괜찮아. 그들은 모두 너를 사랑할 거야."

　나는 그가 가져다준 빵과 샐러드를 씹으면서 그의 여동생이 얼마나 예쁜지 조카는 또 얼마나 똑똑한지 아이들은 엄마를 얼마나 사랑하는지 막내가 태어났을 때 주마는 얼마나 행복했는지 들으면서 알라냐를 떠날 계획을 잡았다.

　주마는 아는 버스 기사들을 수소문해서 공짜로 나를 태워 보내고는 몇 번이나 당부했다.

　"그가 너를 하타이에 내려줄 거야. 그 전에는 절대로 내리면 안 돼. 누가 너한테 내리라고 해도 절대 내리면 안 돼. 알았지? 그리고 다른 사람들이 하타이라고 해도 그가 내리라고 말하기 전에는 내리면 안 돼. 알았지? 그가 내 동생에게 전화를 걸어서 너를 마중하게 할 거야, 알았지? 꼭 내 동생을 만나면 내려야 돼, 알았지?"

그는 나를 혼자 버스에 태워 유치원에 보내던 우리 엄마보다 더 많이 '알았지'라고 물었다. 이러다간 모르는 사람이 사탕을 사준다고 해도 쫓아가면 안 된다고까지 말할 기세였다.

주마의 가족들은 동양인을 처음 보는 것이다. 하타이는 외진 마을이고 국경을 넘어가는 여행자들이 하타이를 지나기는 하지만 그들의 마을까지 들어올 일은 없었다. 그들에게 나는 처음 보는 검고 부드러운 머리카락이다. 나의 일거수일투족을 기뻐한다. 내가 물을 마시면, 내가 사진을 찍으면, 내가 사탕이라도 먹으면, 내가 그들을 꼭 안으면 까르르 웃어젖힌다. 눈이 마주치면 웃을 수밖에 없다. 꼭 전해야 하는 말이 있으면 사전을 뒤져야만 한다. 영어를 할 줄 아는 사람이 한 명도 없는 대가족이다. 나는 처음으로 '예쁘다'를 찾는다. '고맙다'를 찾고 '맛있다'를 찾는다. 꼭 전해야 하는 마음만 전하게 된다. 나는 그들에게 나를 이야기하지 못한다. 내가 어떤 사람인지 무엇을 공부하는 사람인지 몇 살인지 무엇을 좋아하고 무엇을 좋아하지 않는지 어디를 여행했는지 터키에 왜 온 것인지 아무것도 이야기하지 못한다. 그래도 괜찮다. 어쩌면 내가 그동안 지나치게 말을 많이 한 것이었다. 나를 보이기 위한 말, 내가 뱉은 말이 저들끼리 다투고 있었던 것이었다. 나는, 한 발짝 떨어진다.

말을 못하기 때문에 아이들은 내가 아무것도 모르는 줄 안다. 내가 밥을 먹지도 못하고 제대로 걷지도 못할 것처럼 군다. 나는 단지 터키어를 못하는 것뿐이야. 당차게 말해주고 싶지만 터키어를 못한다는 말을 터키어로 어떻게 하는지 몰라, 웃는다. 함께 길을 걷다 돌부리라도 나오면 반드시 나를 멈춰 세운다. 그러고는 쪼그려 앉아 돌을 가리킨다. 터키어를 못 해도 돌부리에 걸리면 넘어진다는 것 정도는 알지만 나는 정성을 들여 크게 한 걸음을 뗀다. 여섯 살 먹은 사브린이 아니었으면 넘어지기라도 했을 것처럼. 밥을 먹을 땐 숟가락을 쥐어 보여준다. 숟가락은 이렇게 쥐어야 한다고. 포테이토, 포테이토, 큰오빠가 영어로 포테이토라고 하자, 동생들이 따라 발음하며 가리킨다. 포테이토, 포테이토. 이럴 땐 먼저 먹어서는 안

42

된다. 내가 포테이토를 먹을 줄 모른다고 생각하는 것 같으니까. 아이들이 먼저 포테이토를 입에 넣고서 우물거리며 맛있다는 표정을 지으면 그제야 신기하다는 듯 입을 크게 벌리고 고개를 몇 번 끄덕인 뒤에 입에 넣어야 한다. 눈을 크게 뜨고 입을 크게 움직여 꼭꼭 씹어 먹어야 한다. 맛있다는 소리다. 저들끼리 자지러지듯 웃는다. 나는 열 명의 눈동자에 담겨서 난생처음 먹어보는 것처럼 감자를 먹는다.

밥을 다 먹고서는 후식으로 먹을 열매를 따러 나간다. 사브린은 익숙하게 나무에 올라 열매를 따서는 셔츠로 박박 닦아 하나를 내밀고서는 먼저 먹는 시범을 보였다. 아이들이 죄 하나씩 열매를 따와 건네니 나는 대체 몇 개를 먹어야 하는지. 시범을 다 보인 아이들은 내가 맛있게 먹는 모습을 보자 그제야 안심하고 저들도 먹기 시작한다.

아이들 손에 이끌려 집 뒤로 빙 돌아가자 날이 지고 있다. 높은 건물이라곤 없어 노을은 적나라하게 온 마을에 퍼진다. 나는 오늘이 느리게, 흘러갔으면 바란다. 나는 지나치게 게으른 까닭에 감동은 하루에 하나씩, 기억할 수 있을 만큼만 오기를 바랐다. 하지만 날이 지고 있다. 아이들은 노을을 등지고 난간을 가리킨다. 아이들이 붉게 반짝거린다. 큰오빠는 열세 살, 중학생일 나이다. 학교에서 영어를 배웠는지 그나마 영어를 할 줄 안다지만 이름과 나이를 말할 수 있는 정도다. 그렇지만 아이들은 무슨 일만 생기면 오빠를 불러온다. 몇 번이나 제 이름을 소개하고, 제 나이를 소개하고, 가족들의 나이를 다시 알려준다. 동생들은 그저 제 오빠가 영어를 굉장히 잘하는 줄 알고 내게 무언가를 알려주라고 계속 재촉한다. 오빠는 난간 앞에 서서 난처한 기색이 역력하다. 나는 최대한 과장된 표정으로 그가 무엇을 말하든 크게 고개를 끄덕인다. 오빠는 동생들의 성화에 난간을 가리키며 무슨 말을 하려는가 싶은데 도무지 할 수가 없는지 우물거리기만 한다. 제 오빠의 기색을 눈치채지 못한 동생들은 계속 조잘거린다. 결국 녀석은 돌을 밟고 서더니 풀썩, 난간 위에 걸터앉는다. 그러고는 다시 내려와 내 팔을 끈다. 또다시 올라가고 또다시 내려온다. 녀석이 내려올 때마다 해사한 먼지가 풀썩거린다. 나는 이내 녀석을 따라 돌을 밟고 올라선다. 하지만 녀석의 가벼운 몸짓을 따라갈 수 없어 영 곤란하다. 녀석은 또 올라서고 또다시 내려온다. 나는 다시 한번 녀석을 따라 해본다. 폴짝, 올라가는 것보다 다리를 먼저 올리고 올라서는 것이 쉬워 보이지만 나는 굳이 녀석을 따라 올라서려고 기를 쓴다. 올라앉으니 아이들이 얼마나 자주 앉았는지 난간 끝이 부드럽게 닳아 있다. 아이들은 내내 뛰고 달려 저녁에는 이곳에 앉는 모양이다. 나를 지켜보던 아이들에게서 눈을 떼고 고개를 든다. 아직 천천히 걸음을 떼고 있는 석양이 펼쳐진다.

오늘은 난간에 걸터앉는 법을 배웠다. 하타이에서 석양이 가장 아름다운 자리였다.

나를 자유롭게 해준다고 생각한 '말'들이, 산산이 흩어지고 있었다.

런던, 아, 런던

나는 열여덟에 런던에 갔다. 해외라고는 처음 나가보는 것이었다. 나는 만 나이로 열일곱이었기 때문에 고작 60만 원과 편도 비행기 티켓, 학원 수강증으로 1년짜리 학생비자를 받을 수 있었다. 돌아갈 비행기 표가 없는데도 1년짜리 비자를 받은 건 이례적인 일이었다. 두고 두고 사람들 사이에서 회자되었다. 중요한 건 '나는 이 나라에서 결혼도 하지 않을 거고 영어를 못해서 일도 할 수 없어요'라는 말을 전하지 못하는 것으로 전달하는 것이었다.

"내가 영국에 있으면 아버지가 생활비를 보내줄 거예요. 내가 돈을 많이 가지고 있으면 위험하다고 하셨어요."

열여섯에 돌아가신 아버지를 꺼내 비자를 받았다. 입국장에 나간 나는 내 이름을 한국어와 영어로 번갈아가며 찾아보았지만 어디에도 없었다. 나는 잠시 내 이름을 의심하기도 했다. 한국에서 받아온 전화번호로 전화를 걸기 위해 동전을 바꾸려 머핀을 샀다. 머핀을 쥐고 공중전화로 갔지만 전화를 걸 줄 몰랐다. 전화를 걸려면 얼마를 넣어야 하는지도 몰랐다. 다시 카페에 가서 물어본 뒤에서야 100펜스가 모여 1파운드가 되고 전화를 걸기 위해서는 70펜스를 넣어야 한다는 걸 알아냈다. 하지만 아직 영국의 국가번호가 44라는 것은 몰랐기 때문에 적어온 번호에 44를 넣어 눌렀지만 당연히 걸리지 않았고 나중에서야 44를 누르지 않아야 한다는 것을 알아냈어도 적어준 전화번호는 한국에서 걸 수 있는 번호였기 때문에 앞자리에 0이 빠져 있어서 전화는 아직도 걸리지 않았다. 지나가던 흑인 청년에게 "나는 전화를 걸고 싶습니다. 어떻게 해야 하나요. 나를 도와줄 수 있나요?" 천천히 물었고 그는 주섬주섬 내 말이 끝날 때까지 기다려주었다. 그 뒤에 그는 아마도 내게 전화를 거는 법을 설명해준 것 같았지만 나는 당연히 그의 말을 알아듣지 못했고 그래서 그는 내 대신 전화를 걸어주었

다. 겨우 픽업 나올 사람들과 연락이 되었고 그제야 도착 시간에 대해 오해가 있었다는 걸 알았다.

늦게야 나를 데리러 온 차는 낡았고 8월의 태양은 제법 따뜻했다. 운전석과 앞좌석 사이로 빛이 나른하게 앉았고 시트에 떨어진 과자 부스러기는 차가 덜컹거릴 때마다 조금씩 흔들렸다. 설렜다.

짐을 풀고서야 영국은 한국과 다른 콘센트를 쓴다는 것을 알았고 변환 콘센트를 사기 위해 버스를 타고 길을 나섰다. 2층 버스니 당연히 2층에 앉아야 했기 때문에, 나는 그만 2층 앞자리에서 신기해하다 잠이 들었다. 비행기에서 제대로 자지도 못하고 내린 참이니 그도 그럴 것이었다. 일어나니 얼굴에 햇살이 녹녹하게 묻어 있었다. 달았다. 다만 눈을 떠서는 도무지 내가 어디에 있는지 알 수가 없었지만. 나는 일단 큰 슈퍼가 보이는 대로 내려서 콘센트를 사곤 이제 돌아갈 길을 가늠해보았다. 내린 곳의 반대편 정류장에서 다시 같은 버스를 잡아타곤 내가 살 마을과 비슷하게 보이는 마을에서 내렸다. 영국은 다들 그렇게 동네가 비슷비슷하다는 것을 안 것은 두어 시간을 주섬주섬 걸어 다닌 뒤의 일이었다.

물을 한 잔 마시는 일도 어려웠다.

"캔 아이 해브 컵 오브 워러?"

나는 최선을 다해 'R'을 발음했고 직원은 내게 뭐라 이야기했는데 당연히 알아들을 수 있을 리가 없기 때문에 나는 또다시 최선을 다해 '워러?' 했지만 여전히 그는 내게 뭐라고 이야기를 했고 나는 '워러'가 '워럴'이 될 때까지 세 번쯤 발음하다가 "스프라이트 플리즈."이내 포기했다. 이튿날이 되어서야 나는 영국의 물은 '워럴'이 아니라 '워터', 그것도 '우타'에 가까운 '워터'라는 것을 알았고 학교를 마치고 또다시 레스토랑에 들어가 '워터'를 달라고 했지만 여전히 그는 내게 뭐라고 이야기를 했고 나는 '워터'가 '우타'가 될 때까지 세 번쯤 발음하다가 "스프라이트 플리즈." 며칠쯤 더 지나서야 영국에서는 물을 주문하면 '미네랄 워터'와 '스파클링 워터' 중 무엇을 주문하겠느냐고 묻는다는 것을 알았지만 그땐 상상도 하지 못했다. 세상에 물에도 종류가 있을 수 있다니. 아니, 어떻게 물에도 종류가 있을 수 있죠. 물에도 종류가 있는 나라가 있다는 것을 납득했을 즈음 나는 내가 얼마나 돈이 없는지 깨달았기 때문에 더이상 레스토랑에 갈 수 없었다. 결국 나는 영국을 떠날 때까지 그 레스토랑에서 물을 마실 수 없었다.

어느 것도 쉬운 게 없었다. 급기야 한 달이 지나자 더이상 방세를 낼 돈도 없고 이력서를 120군데는 족히 적어내고 60군데 넘게 면접을 봤지만 일자리를 구하지도 못했고 그러니 밥도 없었고 나는 나를 이처럼 많이 소개해도 나를 원하는 사람이 없다는 사실에 충격을 받았고 그러나 이건 역시 내가 게으른 탓이겠지, 나를 탓했다. '마지막'을 약속하고 이모에게 돈을 얻기도 했지만 이주일을 넘길 수 없었고 일주일쯤 더 지나자 공원에서 잠을 자야 할 지경에 이르렀다. 그 와중에 교통사고도 당하고 사람도 사귀고 런던에서 유학하던 언니의 집에서 머물기도 하다가 나는 자존심이 상해버렸고 그래서 하는 수없이 나는 다시 나를 책망했다. 열여섯부터 혼자 살았으니 열여덟쯤에는 혼자 살아가는 것에 도가 튼 줄 알았는데 외국이란 데는 영 만만한 곳이 아니었다. 그걸 와보고서야 알았던 것이다.

"나는 뭐든지 잘할 수 있어요. 다만 영어를 좀 못하는 것뿐이에요."

윔블던 아랫동네의 슈퍼바이저는 내 손을 꼭 잡고 말했다.

"네가 뭐든지 잘할 필요는 없어. 다만 영어는 잘해야 해."

아르바이트 면접에서 필요한 영어는 거의 비슷했기 때문에 나는 하루에 한두 문장씩을 배워나갔다. 이전에 본 면접에서 한 문장을 들으면 외워두었다가 집에 와 사전을 찾아보고 다음 면접에서 그 문장을 말하면 그땐 또 대답하고 그러다가 또 새로운 문장이 나오면 또다시 외워두었다가 집에 와 사전을 찾아보고 다음 면접에서 대답하는 식이었다. 이런 나라에서 반 년 이상을 산다는 건 반 미친 채로 살아가는 걸 거야, 입버릇처럼 말했다. 반의 반의 반 정도 미치고 일자리를 구했다. 그러자 영국은 금세 아름다워졌다. 습관처럼 내리는 비에도 나는 너그러워졌다. 오, 이건 셰익스피어를 만드는 날씨야.

나는 일곱 살에 초등학교에 입학했고, 고등학교 1학년이던 시절 사실은 열여섯이었지만 열일곱이라고 말하고 다녔다. 정작 열일곱이 되자 학교를 그만두었기 때문에 사실대로 열일곱이라고 말했다. 열여덟에는 영국에 갔으므로 나는 다시 열일곱이라고 말해야 했다. 열일

곱이 영영 끝나지 않을 것 같았다. 삼 년 동안 열일곱을 헤매다 한국에 돌아오자 열아홉이 되어 있었다. 내가 되찾지 못하고 돌려버린 서머타임과 함께 런던 어딘가에 있을 나의 열여덟.

나는 다음주면 영국에 갈 것이다. 열여덟의 나는 이십대의 나에게 꿈을 다 포기하고 술집에서 일을 하고 있거나 혹은 내가 공부하고 싶던 비교문학을 공부하고 있느냐고 일기장에 물었다. 미래에 대한 상상은 자주 최고이거나 최악이어서 인생은 내가 상상한 대로 흘러가지 않았다. 최고이거나 최악인 일은 자주 일어나지 않으니까. 우리는 매일 상상도 하지 못한 삶을 살아가고 있는 것이다. 인생은 재밌고 나는 제법 괜찮다. 대신 나는 조금 여유로워졌다. '힘을 내자'라든지 '일어서야 해'라든지 '나는 반드시 살아야만 한다' 같은 말을 일기장에 적지 않고도 살아갈 수 있다. 죽는 게 조금 덜 두려워졌고 '강해져야 한다'고 말하지 않을 수 있을 정도로 넉넉해졌다. 미래는 여전히 불안하지만 나는 이제 내가 생각할 수 있는 선에서의 최악이나 최고도 아닌 미래를 상상할 줄도 알게 되었고 그 정도만큼 나를 사랑하면서 살아갈 수 있으리라는 것 정도도 알게 되었다. 이럴 줄 알았더라면 나의 열여덟에게 그렇게 애쓰지 않아도 괜찮다고 말해주었을 텐데.

그러나 분명하게도 나의 열여덟이 '그렇게 애써준' 덕분에 나는 스물아홉의 나를 사랑하는 것이다. 영국에 가서는 나의 열여덟에게 고맙다고 말해줘야지. 머리를 쓰다듬어주어야지. 따뜻한 오리털 이불이 있는 침대를 바라던 나의 열여덟에게 스물다섯만 되어도 오리털 이불을 덮을 수 있게 되었다고 말해줘야지. 스물여덟이 되어서는 오리털 이불보다 극세사 이불이 더 따뜻한 줄도 알게 되었다고 말해줘야지.

Part 2

여행을 마치고 돌아가면 서른이 될 것이다. 나의
스물아홉은 길 위에서 쏟아지고 있다. 여행을 마
치고 집에 돌아가면, 나는 방황하지 않고 서른이
되고 싶다.

안녕, 엉클 존!

열아홉, 런던을 떠나면서 나는 반드시 런던에 돌아오겠다고 일기에 적었다. 스물아홉이 되어서야 런던에 왔으니 꼬박 십 년이 걸린 셈이다. 열아홉에 런던을 떠나면서 나는, 몇 년 안에 돌아올 수 있으리라 믿었다. 다음에 올 땐 돈을 모아 와야지. 택시를 타봐야지. 윔블던에 있는 레스토랑에서 물을 시켜야지. 미네랄 워터를 달라고 해야지. 나는 내가 돌아올 것을 한 번도 의심하지 않았다. 그것은 꿈이나 믿음이 아니라 계획이었다. 내가 돌아올 것을 의심하지 않은 것은 나뿐이었다. 누구도 내가 런던에 돌아올 수 있으리라고 생각하지 않았다. 나는 돌아왔다, 십 년을 돌아.

내가 지금 쓰는 영어는 죄다 런던에서 배웠을 것이다. 물론 열한 살 때부터 미8군으로 영어 회화를 배우러 다니기도 했고 공교육도 받았으니 이렇게 적으면 회화를 시켜준 이모가

억울할 수도 있겠지만 우리에겐 그런 시절이 있지 않은가, 그때서야 배운 것 같은. 영어는 동네 할머니 할아버지에게 제일 많이 배웠다. 런던에서 만나지 못한 또래 친구는 단연 런던 아이였다. 굳이 말도 제대로 못하는 애와 곁을 둘 이유가 없는 것이야 어느 나라가 그렇지 않겠느냐마는 런던이기 때문에 더욱 그럴 것이었다. 영국은 친절하고 예의 바르다. 먼저 말을 걸지는 않는다. 하지만 어디든 할머니 할아버지들은 예외다. 당신에게는 누구든 이야기를 들어줄 상대가 필요했다. 나는 이내 동네 할머니 할아버지들의 '러블리'가 되었다. 존 아저씨는 영어와 함께 밀크티를 맛있게 끓이는 법도 가르쳐주었다. 나는 십일 년 만에 존 아저씨를 찾아갔다. 늦은 시각이어서 불이 꺼져 있었기에 메모를 남겼다.

"안녕하세요. 저는 고연주입니다. 저는 존을 찾고 있어요. 만일 당신이 존이라면 저를 기억하나요? 저는 십일 년 전에 당신의 옆집에 살던 한국 여자아이입니다. 그때 저는 열일곱 살이었어요. 지금 저는 스물여덟 살이 되었습니다. 너무 오래된 이야기라 저를 기억할지 확신할 수가 없네요. 당신은 저를 종종 당신의 집에 초대해주었죠. 처음 만난 것은 비가 오던 날이었어요. 저는 열쇠를 가지고 나오지 않아 당황하고 있었고 당신은 저를 초대해 음악을 들려주고 밀크티를 타주었어요. 만일 저를 기억한다면 제게 전화를 걸어주세요. 저는 런던에 열흘 정도밖에 머물지 않기 때문에 가급적 빨리 연락을 해주시기 바랍니다."

다음날 아침 존 아저씨에게서 전화가 왔다. 십일 년 만에 만난 존 아저씨는, 그러니까 런던에 살면서도 이사를 한 후로는 보지 못했던 존 아저씨는 열일곱 여자아이가 스물여덟 아가씨가 된 시간을 가늠하는 눈길로 감격했다. 감격을 마치고는 'R' 발음을 가르쳐줬다. 그리고 나는 이제야, 죽어도 'R' 발음을 못하겠다는 걸 깨달았다. 나는 아직도 종종 일을 하다 (work)가 걷다(walk)가 어디로 가는지도 모르고 대화는 산으로 간다. 하지만 이제 나는 들을 수밖에 없던 열일곱이 아니기 때문에 존 아저씨에게 반항을 좀 하기로 했다.

"존, 나는 도저히 아르를 제대로 발음하지 못하겠어요. 그냥 나는 알을 발음하지 않을래요. 한국어는 알과 엘이 다르지 않다고요."

"아아르, 노, 아아르."

"알."

"아ㄹ."

"알은 됐고 그냥 밀크티를 맛있게 타는 방법이나 가르쳐줘요. 나는 피지티 PG tea를 세 박스나 한국에 사서 갔지만 먹지 않고 모두 버렸어요. 한국에서는 영 맛이 없더라고요."

"그건 가르쳐줄 수 있는 종류의 것이 아니야. 한국에서는 엉클 존이 타주는 게 아니기 때문에 그 맛이 날 수가 없다고."

결국 '아ㄹ'도 밀크티를 타는 법도 제대로 배우지 못하고 십일 년 만에 존과 저녁을 먹었다. 존은 십일 년 만에 찾아온, 열일곱에서 스물여덟이 되어버린 소녀를, 마치 자신이 기르기라도 한 양 뿌듯하게 바라보았다. 나의 열여덟 시절—영국인인 존에게는 열일곱 소녀겠지만—존의 친절이 서러운 영국 생활에서 위안이 되었던 것처럼 십일 년 전 친절을 잊지 않은 스물아홉 아가씨도 아저씨에게 하루 정도 따스운 인사였으면 좋겠다.

때로 오랜 시간을 떠나온 것 같지만

내가 백 일도 채 떠나오지 않았다, 는 것은 세어보고서야 알았다. 가끔은 꽤 오래 떠나온 것 같이 생각되었다. 몰타에서는 익숙해졌기 때문에 떠났고 스위스에서는 익숙해질 틈도 없이 떠났다. 똑같은 기간을 머물렀지만 오스트리아에서는 조금, 익숙해지고 있었다. 나는 익숙해진 도시와 익숙해질 뻔한 도시와 익숙해질 수 없었던 도시를 떠나와서 익숙한 곳에 도착했다. 나는 때로 한국에 있는 우리 집을 생각하면 생경하다. 생각해보면 사실 그 집에서 겨우 일 년을 조금 넘게 살았을 뿐이다. 하물며 주변을 통틀어도 겨우 이 년을 조금 넘게 살았을 뿐이니 이국에서 고향을 떠올리면 따라오는 생경함, 그러니까 고향은 기억 속에 유리된 채 시간이 흐르지 않을 것 같은 생경함은 느끼지 말아야 할 것이다. 그러나 나는 오늘 약간 우리 집이 생경하다.

낯선 침대에서 다른 인종의 냄새를 베고 자는 일이 익숙해지면 어디도 갈 곳이 없다. 나는 오늘 밤 내가 벨 베개를 일주일째 벤 참이다. 거기에서는 약간, 내 냄새가 날 것이다. 때로 관광지에 낙서로 이름을 남기는 사람을 생각한다. 그들의 이름은 거기에 남아 있을 것이고 내 냄새는 사라질 것이다. 내가 사라진 동네를 생각하는 일은, 약간 슬프고 곧잘 황홀하다. 내가 사라진 동네는 다시 새로운 동네가 될 것이다. 나 없는 시간이 흘러갈 것이다. 누군가는 간혹 나를 기억할 테지만 거기에 나는 없을 것이다. 그건 천 년을 더 남아 있을 유적에 남는 것보다 오래 남는 것이다.

나는 분명 익숙한 사람과 익숙한 나라, 익숙한 언어, 익숙한 음식, 익숙한 계단, 익숙한 문을 여닫는 익숙한 느낌, 으로 들어가면 침대 위에 놓인 익숙한 이불을 좋아한다. 그런데도 새로운 도시에 도착하고 숙소를 찾는다. 그러고는 일단 가만히 앉아본다. 내가 잠들 침대를 정성껏 다듬은 뒤 짐을 풀어 물건의 자리를 정해주고 카메라와 담배와 휴대전화—물론, 익숙한—를 챙겨 밖으로 나간다, 익숙해질 가게와 익숙해질 식당을 찾아서. 삼 일 정도 같은 가게에 들어가서 같은 음료수와 같은 담배를 같은 개수로 산다. 삼 일이 지나면 같은 음료수와 같은 담배를 같은 개수로 사서 '내일 봐요' 인사한다. 한국에서는 이것저것 많이 사서 쌓아두기를 좋아하지만 떠나오면 꼭 한 병씩만 산다. 옮기기가 수월하지 않은 까닭도 있고 보관이 수월하지 않은 까닭도 있겠지만 무엇보다 '내일 봐요'라고 인사할 수 있기 때문이다. 식당에서는 오 일쯤 지나면 메뉴 대신 내가 먹는 음식과 음료수를 내어준다. 나는 바로, 그 순간을 기다린다. 내가 식당에 가서 앉으면 내가 주문을 하기도 전에 나를 알아봐줄 때까지. 그래서 조금 비싸더라도 대형 슈퍼나 프랜차이즈 레스토랑엔 가지 않는다. 그들이 나를 기억하기에 사람이 너무 많다. 나를 기억해주는 주인이 내어준 같은 음식을 먹고 같은 포만감으로 같은 냄새를 맡으며 앉아 있다보면,

떠나야겠다는 생각이 든다.

그렇게 떠나서는 가만히 기다리는 것이다. 내가 주문을 하지 않고도 내 음식을 내어줄 때까지. 오늘은 내가 먼저 말하기 전에 '씨 유 보크라' 주인아저씨가 인사했다.

날 아름답게 봐주는 새로운 사람보다 나의 치부를 놀려줄 익숙한 사람이 좋다. 몇 시간 공들여 고른 새 옷보다 보풀이 까슬하게 일어나 있는 익숙한 옷이 좋다. 새로운 계단보다 익숙한 계단이 좋고 새로운 언어보다 익숙한 언어가 좋다. 먹던 것만 먹는 사람. 십 년쯤 탄, 골골대지 않는 구석이 없어서 나만이 시동을 걸 수 있는 차가 좋다. 새로운 나라보다는 익숙한 나라가 좋다. 그래서 가끔 떠나온 나를 의심한다. 나는 새로운 것을 익숙하게 만드는 시간이 좋다. 충실하게 되는 시간. 너무 길면 지나쳐버리기 십상이고 너무 짧으면 이룰 수 없는 시간. 나는 지금 97일째 떠나왔다. 새로운 것을 익숙하게 만드는 시간에 익숙해지려고 한다. 새로운 것을 익숙하게 만드는 시간마저 익숙해지면, 돌아가야지. 그때는 바람이 불고 한국어가 혀 아래 설고 꽃이 떨어지고 내가 조금 오래되었으면 좋겠다. 그리고 무엇보다 나를 기억했으면 좋겠다.

서른이　되자

　스물아홉이 되자 스물아홉이나 되었다는 것을 도무지 받아들일 수가 없었다. 스물아홉인 것을 받아들이는 것보다 서른이 되기를 준비하는 쪽이 수월하겠다. 그래서 나는 스물아홉을 받아들이지 않고 서른이 되기로 했다. 내가 스물아홉을 받아들이지 못하는 것은 내가 바라던 스물아홉이 지금 나의 스물아홉은 아닌 까닭일 것이다. 그렇다면 인정할 수 없는 스물아홉을 받아들이려고 애쓰고 어수선할 바에 서른을 준비하는 게 낫겠다. 여행을 마치고 돌아가면 서른이 될 것이다. 나의 스물아홉은 길 위에서 쏟아지고 있다.

　여행을 마치고 집에 돌아가면, 나는 방황하지 않고 서른이 되고 싶다.

사막을 껴안은 거라고!

　우리는 사막을 다섯 시간쯤 달려온 길이었지. 시리아에서 출발해서 요르단 국경을 넘고 암만에서 암마르와 합류한 뒤로 다섯 시간이니 어쩌면 그보다도 오래 달렸을지도 몰라. 사막이 겹겹이 쌓인 길이었어. 해가 보닛 위에 그대로 떨어져 낮게 출렁거렸어. 창틈으로 제 온도를 고집하며 밀고 들어오는 모래바람 때문에 물을 마셔도 입안이 꺼끌꺼끌하고 땀은 몇 시간째 줄줄 흘러서 닦는 것조차 포기한 상태였지. 엉덩이가 푹 젖어버린 너와 나는 뒷좌석의 창문을 한껏 내리고 그사이로 몸을 빼내어 걸터앉았어. 자동차의 지붕 위로 너와 내가 손을 뻗었지. 팔이 차의 지붕에 닿아 데일 듯 뜨거웠고 손바닥은 축축했지만 그래도 우리는 서로를 꼭 잡았어. 암마르가 시동을 걸었지. 차가 달리기 시작하면서 몸이 뒤로 밀렸고 우리는 손을 뻗어 서로의 팔목을 쥐었지.

　우리는 결코 서로를 놓쳐서는 안 돼, 놓치는 순간 떨어지고 말아, 너와 내가 크게 다칠 거야. 그래, 나는 그런 사랑을 기다린 적도 있지. 내 몸이 뒤로 처지는가 싶으면 네가 나를 더욱 강하게 끌어당겼고 우리가 만든 아치 아래로 사막이 빨려 들어왔어. 차 안에서는 낸시 아즈람 Nancy Ajram 이 몇 번째 〈모가바 Moegaba〉를 불렀어. 내가 따라 부를 수 있는 유일한 아랍어 노래잖아. 리듬에 맞춰 몸을 움직이면 차가 덩달아 흔들렸고 차가 흔들리면 우리는 와자지껄하게 노래를 불러댔지. 머리카락이며 얼굴에 바람이 둔중하게 지나갔어, 자동차의 속도는 제법 빨랐는데도. 아마도 그건 내가 우리의 시간을 느리게 기억하기 때문일 거야. 모가바 무흐라마 아나 바하 무샤 아비, 우리는 노래를 따라 불렀고 우리가 달리는 길 위에 살아 있는 것이라곤 우리밖에 없었지. 낮달이 명징하게 떠 있고 돌올한 바위산이 악보 위의 세로줄처럼 한 마디마다 지나갔어. 이정표도 필요 없는 고속도로에서 마음을 흘리며 달렸어, 목소리를 높여서 평안했지. 나는 그렇게 크게 노래를 불러본 적이 없었단다. 사막에서는 메아리도 돌아오지 않고 너는 내가 뜻도 모르는 노래를 외우는 것에 거듭 감탄했지. 그건 뜻을 아는 노래를 외우는 것보다 어려운 일이라고, 나는 목소리를 더 높였어, 마게브 무흐라마 안나 아나 무샤아이즈.

무슨 뜻인 줄 모른다는 게 중요해. 나는 너에게 어떤 이야기를 하고 싶은 게 아니니까 그건 온전히 '느낌'이 되는 거야. 한 번쯤 너도 무슨 뜻인 줄 모르는 노래를 외워보렴. 단어에 의미를 씌우지 않고 평소에 쓰지 않던 근육을 움직여서 어렵사리 발음해보면 하나하나가 악기가 된다. 나는 한때 영어를 공부하러 영국까지 가서는 영어를 알아듣게 되는 게 두려웠던 적이 있어. 온전히 '느낌'이던 것이 '형태가 있는' 관념으로 바뀌는 순간이 두려운 거야. 가사가 없는 연주곡이어서도 안 돼. 사람의 목소리는 어느 악기보다 갖은 소리를 만들어내지. 언어로 표현해서는 안 되는 색이나 냄새의 상태, 때로는 거기에 언어가 더해지면 색이 손상되는 거야. 신경을 가득 채우며 울렁거리는 파문이 정돈되지 않은 상태로 남아 있어줘, 너도.
나는 오직 소리에만 신경을 써서 가장 아름다운 소리를 만들고, 다만 그건 사랑, 인 줄은 알았지. 내가 부른 것이.

마시히또 함씨 또 나즈레또 비따하비 엘비 구에, 몇 번째 마지막 구절을 불렀을 때 드디어 와디 럼의 이정표가 보이기 시작한 거야, 우리는 소리를 질렀어, 우리의 소리가 와디 럼에 퍼졌지, 우리는 마지막으로 서로를 강하게 끌어당겼어, 암마르도 클랙슨을 울렸고, 네 등 뒤로 어느새 어스름이 깔리고. 그래, 우리는 와디 럼을 껴안은 거야, 사막을 껴안은 거라고!

꿈처럼   기상하기

아침에는 꿈처럼 일어났다. 간밤엔 파티를 열었다. 우리는 와디 럼 근처에 사람들이 자주 오지 않는 사막을 골라 지프차를 두어 대 둘러 세우고 이불을 깔았다. 암만에서부터 챙겨온 시샤에 불을 붙이고 알코올 없는 칵테일을 마시며 깊이 취했다. 사막 너머로 밤이 뻗어서 모닥불을 피웠다. 불길 사이로 당신이 일그러졌다. 얼굴이 보이다가 안 보이는 틈으로 나는, 사막에도 별에도 없는 얼굴을 보았던 것 같다. 멀리서 늑대가 울었다. 우리는 말이 많은 사람들이었다. 사실 아무 말도 한 것이 아니었다. 현대자동차에서 민주주의로 카이로에서 핀란드로 달리다가 신촌에서 내렸다. 길이 막힐 때마다 늑대가 울었다. 나는 가만히 당신의 옷자락을 잡았다. 당신은 이미 잠들어 있었다. 당신이 잠들었다는 사실이 나를 두렵게 했지만 당신이 잠들 수 있다는 사실이 나를 안심하게 했다. 네가 잠들 수 있다면 나도 잠들 수 있을 것이다. 눈을 질끈 감고 당신이 내는 숨소리에 맞춰 숨을 쉬어보았다. 당신이 쉬는 안심마다 숨결이 오르락내리락했다. 햇살이 뜨거워 눈을 떴을 땐 누구도 파티를 하지 않은 사막만 남아 있었다. 불씨가 채 날아가지 않은 모닥불에 불을 더 붙이고 돌을 주워와 주전자를 얹었다. 물을 끓여 샤이를 우려내고 어젯밤 늑대가 있었을 곳을 가늠해보았다. 저쪽쯤에서 늑대가 울었던 것 같아. 저기에는 늑대가 사니? 당신은 다른 곳을 가리키며 몇 개의 지명을 댔다. 그리고 그중 몇 개의 지명에 늑대가 산다고 했다. 듣는 순간 잊어버릴 수밖에 없는 낯선 이름이었다. 낯선 이름을 몇 번 혀 밑으로 굴려보다가 이내 포기했다. 멀리 보이는 돌산은 죄 비슷해 보였기 때문에 내가 이름을 구별하는 건 의미가 없어 보였다. 여기에 있는 공기는 이런 이름이고 저기에 있는 공기는 이런 이름이야. 그런데 이런 이름의 공기가 이런 이름의 공기보다 밀도가 약간 높아, 이런 기분. 차를 끓이고 나서야 다른 일행은 먼저 돌아갔다는 것을 알았

다. 우리 셋만 남았다. 우리 셋만 남은 게 확실해지자 평안해졌다. 잠시, 누구도 우리를 몰랐
으면 좋겠다고 생각했다. '굿 나이트'를 열두 번 주고받아도 잠들지 않았던 밤을 생각했다.
물기 하나 없는 사막에 지프차를 세워놓고 지붕에 올라가 이 차에서 저 차로 인사를 하면서
아카바의 바다는 밤에 봐야 깨끗하다는 이야기를 했다. 아카바 건너 이스라엘은 굉장히 반
짝거리지만 그건 사실 다 가짜라는 이야기를 했다. 나는 일곱 살에 들은 비슷한 이야기를 들
려주었다. 휴전선 너머 북한은 반짝거리지만, 어린이 여러분, 그건 북한이 우리에게 잘 사는
것처럼 보이려고 불만 켜두는 거예요. 북한의 선생님들은 아이들에게 북한이 남한보다 더
잘 산다고 거짓말을 한답니다. 나는 걸상 밑으로 다리를 뻗으며 선생님이 우리에게 거짓말
을 하는 건 아닌지 어떻게 알지? 궁금해했던 이야기를 했다. 당신은 이스라엘이 반짝거리는
건 사실이지만 사실 하나도 반짝거리지 않는다고 했다. 미국은 언젠가 멸망할 것이라고 했
다. 나는 그래도 우리는 여기에 있자고 했다. 언젠가 우리는, 다시는 만나지 못할 것이라는
이야기를 했다. 당신에게 그런 말을 하는 건 쉬운 일이 아니었다. 오늘만 해도 우리, 다시 만
난 게 아닌가. 우리는 이 년 만에 만난 참이었다. 우리가 다시 보지 못해도 걱정하지 말라고
했다. 당신은 암만에는 '신촌' 가는 버스가 많다는 이야기를 했다.

　암만에서는 신촌이나 전라도나 어디를 가는 버스가 곧잘 있었다. 한국 중고차를 수입해오

면서 한글을 떼지 않은 것이다. 한국까지 버스로 가는 건 너무 오래 걸리지 않겠느냐고, 그사이 너도 늙고 나도 늙고 버스도 늙을 거라고 하자 당신은 한국 차는 튼튼해서 괜찮다고 했다. 다만 북한이 문제라고, 그러니까 당신이 신촌 가는 버스를 타기 전에 통일을 해두라고 신신당부했다. 나는 당신이 버스에서 내리는 걸 상상했다. 신촌 어디쯤에 내릴지 고민했다. 어디든 데리러 가겠다고 생각했다.

그리고 우린 사 년쯤 지났다. 나는 지금 요르단 국경을 몇 시간 앞두고 이스라엘에 있다. 슬프게도 이스라엘은 제법 반짝거렸다. 당신에게 전화를 걸어보았다. 당신은 태어나서 이스라엘로부터 걸려오는 전화는 한 번도 받아본 적이 없을 거라는 생각을 했다. 번호가 바뀌었는지 번호를 다시 확인해달라는 멘트만 나왔다. 당신에게 이걸 이야기하면 또 어떤 우스갯소리를 할지 상상했다. 당신과 연락이 되기란 요원한 일이고 다만 나는 사 년이 지나서도 와디 럼의 밤이 얼마나 아름다운지, 당신에게 고백하고 싶었다. 당신이 참 고맙다. 언젠가 당신이 한번은, 암만에서 신촌 가는 버스를 타보았으면 좋겠다. 버스는 신촌에 가지 못하겠지만 한국에서 만든 차가 얼마나 튼튼한지 한 번쯤 기억해주었으면 좋겠다. 어느 날 하루는 당신도 꿈처럼 일어났으면 좋겠다.

리스본의 등대

    나는 태어나 처음 '가보고 싶다'고 생각했다. 나의 열 살, 리스본의 등대. 소설 속 인물들이 등대 안으로 이야기를 나누고는 나선형의 계단을 타고 내려왔다. 그간 읽은 책에도 수많은 이국의 등대와 탑이 나왔을 것이었다. 허나 유독 그 장면은 오래 남았다. 나는 머릿속에서 차곡차곡 돌을 쌓았다. 발끝으로 조심스럽게 돌계단을 밟아보기도 했을 것이었다. 층층이 뚫린 창으로 바람이 불어오기도 했을 것이었다. 낮이어도 잘 보이지 않아 걸음은 더디었을 것이었다. 그들이 왜 등대를 올랐는지는 기억나지 않는다. 나는 다만 내가 쌓아올린 등대만을 오래 기억했다.

    나는 아직 열 살, 읽으면서도 책에 나온 지명이 실재하는 곳이라고 실감하지 못했고 실감했다고 하더라도 그건 지나치게 멀어서 '갈 수 있는' 곳이라고는 생각하지 못하던 시절이었다. 그러니까 외국이라는 건 아무리 봐도 달나라 같은 거다. 존재를 알고 있고 사진도 있고 가보면 즐거울 것도 같지만 도무지 '갈 수 있다'는 생각은 들지 않는다. 누가 미국에서 전학을 왔다고 하면 중간에 열 반쯤 건너서 구경도 하고 그러고도 나랑 똑같이 생겼다고 실망하기도 하던 열 살, 미8군 회화를 가서 보는 미국인 선생님은 도무지 소문 같기만 하고 나는 미국인에게 미국말을 배우는데 왜 'English'를 사전에서 찾으면 '영국의, 영국 말, 영국 사람'이라고 나오는 건지, 나는 대체 무엇을 배우고 있는 건지 헷갈리던 시절이었다. 그러고도 나는 리스본의 등대에 가보고 싶다고 생각했다. 아주 작은 바람이었다. 계획이나 희망은 없던 바람, 내가 아직 소공녀를 꿈꾸던 시절, 언젠가 자상한데다가 부자이기까지 한, 게다가 나는 친아버지와 산 적이 없으니 나에게만은, 친아버지가 나를 데리러 오지 않을까 궁금하던 시

절이었으니 가보고는 싶었어도 리스본에도 우리 동
네처럼 사람도 다니고 밥도 먹고 이야기도 할 것이
라고 그 동네에도 나처럼 누군가가 책을 읽기도 할
것이라고는 가늠도 되지 않던 시절, 나는 리스본에
가보고 싶었다. 나도 주인공을 따라 꼬불꼬불한 등
대 안을 걸어 올라가고 싶었다. 하지만 거기가 '리스
본'인 줄을 기억해낸 것은 며칠 전이었다.

몇 년 전 잠결에 떠올려서 나는, 이스탄불에 갔다.
리스본을 이스탄불로 착각했던 것이었다. 당연하게
도 이스탄불에는 '리스본의 등대'가 없었다. 리스본
이라는 건 아마 이스탄불에 다녀온 뒤 잠결에 다시
기억해냈을 것이다. 잠결에 다시, 리스본에 가야겠
다고 결심했다. 일어나서는 잊었다. 바르셀로나를
마지막으로 한국에 돌아갈 것이었으므로 포르투갈
에 올 시간이 별로 없었다. 삼 주간 스페인을 여행하
는 것만으로도 벅찼다. 하지만 나는 그만 잠들었고,
리스본에 가야겠다고 결심했다.

그리고 나는 지금 리스본에 있다. 지도에서 리스
본이 어디에 있는지 확인한 뒤 버스를 잡아타고 왔을
뿐이었다. 바다와 면해 있는 것 같으니 등대는 쉽게
찾을 수 있을 것이라고 무턱대고 생각했다. 어디에
있는 것인지도 모르고 예약한 숙소에 도착하니 가까
이 '물'이 보였으므로 나는 '등대'를 물었다.
　"나는 리스본의 등대를 보러왔어요. 여기 '그'등

대가 어디에 있죠? 아주 유명한 등대예요. 안에는 구
불구불한 계단이 있는 등대예요."

　구불구불한 계단은 차치하고 '유명한 등대'의 존
재마저 모르는 그에게 국적까지 물어보고도 그를 다
시 의심했다. 그가 바다와 '만나는' 지점이라며 보여
준 등대는 내가 열 살에 쌓은 등대가 아니었으므로
나는 그의 정보를 다시 의심하고 그가 보여준 여행
안내서를 빼앗아 펼쳐 들고 몇 장을 넘기니 그건, 등
대가 아니라 탑이었다. 테주 강 하류 물속에 지은 탑,
벨렘 탑에 대해 읽어보니 기억이 범람했다. 소설 속
에서 인물들이 죄인을 가두어 두었던 탑이라고 대화
를 나눴던 기억, 그들이 탑의 꼭대기까지 나선형 계
단을 졸졸 올라갔던 것. 읽었던 것보다 계단은 길지
않았다. 나는 한 계단 한 계단 성급하게 올라갔다.

　꼭대기에 올라 나의 열 살을 바라보니, 글쎄, 리스
본이 실재하고 있었다. 리스본에도 사람이 살고 있
었다, 누군가는 책도 읽고 있을 것이었다, 아이는 아
직 마다가스카르 같은 나라는 실재할 거라고 상상도
못할 것이었다, 그러나 언젠가는 마다가스카르에도
가고 싶어할 것이었다. 나는 '리스본의 등대'에 올
랐다.

우리는 토르소처럼 사랑했다

   네가 보고 싶어도, 비행기를 예약하고 그 비행기를 기다리고 또다시 열두 시간을 날아가야 하는 곳으로 떠나오고 보니, 그래서 우리가 도무지 따뜻해질 수 없었다는 생각이 든다. 그래서 우리는 그렇게 붙어 있어도 시렸구나. 너와 나는 안길 수는 있지만 안을 수는 없는 사람들이었구나.

그러고도 그건 사랑일 수 없을까

그는 해야 할 일이 없을 때 그녀를 그리워했고, 그녀는 다른 사람이 없을 때 그를 그리워했다.

그건 사랑일 수 없을까.

그는 분명 어떤 일보다는 그녀를 그리워하고 그녀는 분명 어떤 사람보다는 그를 그리워했을 텐데.

다만 우리는 아직 만나지 못했다

어쩌면 우리는, 한 번도 만난 적이 없다. 그런 생각이 들 때면 자꾸만 당신을 만나게 된다. 그렇더라도 우리는 한 번도 만난 적이 없는 것 같다. 나는 당신을 얼마나 알고 당신은 또한 나를 어디까지 아는지, 알기도 힘든데 우리는 공감이라는 걸 할 수도 있을까. 먹먹해진다.

날이 추워졌기 때문에 나는 요즘 북유럽을 생각해본다. 나는 북유럽에 가본 적이 없기 때문에 북유럽은 아름답다. 그곳은 여기보다 춥겠지, 위안이 되기도 한다. 그러나 그곳은 여기보다 아름답겠지, 질투가 난다.

어쩌면 당신과 나는 맞지 않는 것이 아니고 다만 우리는 아직 만나지 못했을 뿐이다. 나는 여기서 내가 먹어보지 않아서 내가 먹지 않는다고 생각한 음식에 대해 다시 생각한다. 내가 입어보지 않아서 나에게 어울리지 않는다고 생각한 옷, 내가 만나보지 않아서 나와 맞지 않는다고 생각한 사람에 대해 생각해본다. 미늘벽으로 둘러진 목조 가옥에서 창을 밀어 열고 내가 상상해본 적 없는 국적의 사람에게 그러니까 상투메프린시페 같은 곳에서 온 사람에게 '굿모닝' 인사를 하고 보니 내가 상상해본 적 없는 당신이 스며들지 않을 수 없는 것이다. 그

안에서 당신은 조금 아름답고 나는 약간 너그럽다. 내일은 당신에게 전화를 걸어야겠다. 당신은 별다른 말을 하지 않을 것이다. 내게 많은 것을 묻지도 않을 것이다. 하지만 내일은 나에게 질문하지 않는 당신을 서운해하지 않을 것이다. 당신에게 많은 것을 묻지도 않을 것이다. 그러면 우리는 만나지기도 할 것이다.

우리는 행복하다고 좀 고백합시다. 당신은 행복
해도 괜찮습니다. 꼭 열네 시간씩 일을 하거나
공부를 하고 집에 오는 길에만 뿌듯하지 않아도
괜찮아요. 오늘은 쓸데없이 네 시간을 걸었다고
뿌듯해합시다. 건강 때문에 걷지 않아도 돼요.
우리는 좀 쓸데없을 필요가 있죠. 하등의 쓰잘데
기가 없읍시다.

약간   무거운 사람

(1) 떠나는 일이 점점 힘들다. 터키에 K를 남기고 L을 만나기 위해 시리아로 가던 길, 요르단에 L을 남기고 A를 만나기 위해 이집트로 오던 길, 나는 이제 S를 남기고 카이로로 갈 것이다.

나는 더위나 추위에 쉽게 적응한다. 체념이 쉬운 까닭이다. 지나치게 덥거나 지나치게 추우면 체념한다. 될 대로 되라지. 그런데도 여름의 사막은 잔인한 데가 있다. 숨쉴 틈을 주지 않고 머리끝부터 뭉개고 앉아버린다. 더위가 사방에 깔려 감각을 녹인다. 숨을 곳도 없이 뙤

약볕에 나를 고스란히 내놓아야 한다. 아직도 멀리 펼쳐진 사막을 바라보면 더위로 일렁거려 도무지 생각을 할 수가 없다, 그래도

정말 딱 하루만 더 머물까.

하루에 하루를 더하고 거기에 하루를 더해서 내가 딱 하루만 더 머물면 나는 약간 괜찮아질 것이다. 덜 아프게 될 줄을 안다. 그래서 나는 '딱 하루'를 더 머물지는 말아야지.

더 아프게, 더 오래 기억하겠다.

(2) 요즘은 공짜 쇼핑에 맛을 들였다. 다합의 시장 거리에 있는 가게를 하루에 한두 군데씩 들러 수다를 떨고 차를 얻어 마시고 기념품을 선물 받는다. 보통 관광객들은, 특히 동양인들은 그들과 오래는커녕 잠시라도 대화하기를 주저하기 때문에 쓸데없이 앉아 말대답을 하고 있는 내가 신기하단다. 가끔씩 지나가는 동양인을 두고 한국인인지 일본인인지 중국인인지 내기하기도 한다. 어차피 나도 그들만큼이나 잘 못 알아보기 때문에 자주 지고 자주 이긴다. 한 여자가 앞을 똑바로 보고 피곤한 어깨를 꼿꼿하게 세운 채 빠르게 지나갔다. '알러뷰, 헤이, 뷰티풀' 거들떠보지도 않는다.

"저 여자는 분명히 한국인이야."

주인이 손바닥을 펴서 직진을 나타내는 손짓을 하더니, 확신을 갖고 말했다. 한국인은 쳐다보지 않아. 대화도 하지 않고.

"너희가 맨날 결혼하자고 하니까 그렇지."

"결혼하면 좋잖아. 난 미녀랑 결혼할 거야. 넌 미녀니까 나랑 결혼하자."

천박한 농담이 좋다. 예의라고는 없는 농담, 시시껄렁한 웃음, 숙녀라면 기겁할 농담, 에 함께 웃을 수 있는 숙녀가 좋다. 단어 하나에 담배 찌든 내와 땀 냄새와 라면 냄새가 뭉친 농담이 좋다. 조르바 같은 사람들, 어젯밤엔 마누라가 어쨌다느니 그리고도 너는 내 마누라가 될 것이냐고 묻는다거나 헤이, 음식과 술과 여자와 춤을 사랑하는 건강한 사람이 좋다. 헤이 뷰티풀, 메리 미, 메리가 내 이름도 아니고 매일같이 헤이 룩 엣 미, 별 것도 아닌데 낄낄거리

는 사람들. 그런 마을에 가면 아무것도 몰라도 약간 안심이 되는 것이다.

간혹 짧은 아랍어로 이야기를 할 때는 친구들까지 불러 구경시킨다. 쟤 아랍어 할 줄 알아, 봐봐, 얘 아랍어 할 줄 안다? 동네 상점 직원들이 죄 와서는 '아랍어 해봐. 이름이 뭐야?' 쿡쿡 찔러본다.   .

상인들이야 말을 걸고 와서 놀다 가라고 하고 그냥 '보기만' 하라고 해도 물건을 사달라는 거지, 당연하다. 바가지를 좀 씌울 수도 있다. 집적거릴 수도 있다. 동양 여자와 결혼하면 레스토랑 하나는 생긴다고, 저들끼리 좀 떠들 수도 있다. 물건이야 내가 안 사면 되는 거고 결혼 안 하면 되지. 말을 섞었다가 친해진 줄 알았는데 더 비싸게 팔 수도 있다. 한 달을 넘게 가는 가게도 갈 때마다 가격이 다르다. 사흘쯤 되면 자기가 어제 얼마를 불렀는지 까먹어서 2파운드쯤 덜 받기도 한다. 내일이 되면 4파운드쯤 오르기도 하지. 하지만 내가 싸게 팔아준 게 없는데 그들이 내게 좀 비싸게 팔았다고 서운할 것도 없다.

그러나 사람이 어디 그래. 그러니까 서운하다면,

그래도

더 많이 도전하고 더 많이 다쳐서 그러고도 또 믿어서 또 상처받고 그러고도 믿었으면 좋겠다.

(3) 그러나 역시 상처받는 건 두렵다. 너는 차고 있던 시계를 내게 풀어주었지.

"내가 몇 년 동안 차고 있던 거야. 이걸 가져가. 그리고 나를 기억해."

나는 얼결에 시계를 받았다가 시간을 확인하곤 네게 돌려주었다.

"어느 날, 나는 너를 잊을 수 있어. 너도 날 잊을 수 있지. 그때가 되면 너는 이 시계를 돌려받고 싶을 수도 있어. 그런 날이 온다는 건, 슬픈 일이야. 이게 너에게 중요한 물건이라면 그렇기 때문에 받을 수 없어. 작은 걸 줘. 그러나 어떻든지 내가 너를 기억하게 된다면 이런 물건이야 있어도 없어도 나는 너를 기억하게 될 거야. 물건은 문제가 되지 않아. 그건, 그냥, 기억하는 거야."

나는 언젠가 한국에 돌아가 청소를 하면서 네 시계를 발견할 수도 있을 거야. 그러고는 잠시 네 생각을 하며 웃을 수도 있겠지. 하지만 그뿐인 거야. 네 시계를 버려야 할지 말아야 할지 고민하게 될 거야. 나는 받지 않을래.

"이건 이집트의 시간이야."

시계를 다시 채워주며 네가 말했다. 나는 아마도 시계를 버리지 못할 것이다. 내가 너를, 네 이름을, 네 얼굴을 기억하지 못하는 날은, 올 수도 있을 것이다. 하지만 이집트의 시간을 버리지는 못하겠지.

여행에 점점 짐이 늘어난다.

(4) 점점 짐이 늘어난다. 다른 사람들은 여행을 많이 할수록 요령이 생겨 짐이 줄어드는가 본데 나는 무거워진다. 여행을 할 때마다 아쉬운 것들이 생겨 하나씩 챙겨넣는 까닭이다. 일 년을 머물렀던 영국으로 떠날 적에도 큰 가방이 하나, 작은 가방이 하나였는데 이젠 한 달을 머물러도 큰 가방이 하나, 작은 가방이 하나다.

사랑 같다. 내 사랑이 그렇다. 처음에는 아무것도 몰라 누구든지 좋다가 헤어지고 만나고 헤어지면서 이상형이 늘어난다. 이런 점이 좋은 거구나, 이런 것을 해도 좋구나, 이런 시간이 좋구나, 사랑을 할수록 사랑이 무거워지고 있다.

당신과 나의 발음

너를 바다에서 본 건 처음이었다. 우리는 항상 시내산에서 만났고 그래서 우리가 만난 시내산을 머릿속에 부감으로 떠올려 360도로 회전해볼 수도 있다. 나는 그때 시내산에 처음 올랐다. 여행 가이드 일을 배우기 위해 따라간 날, 너는 우리를 도와줄 현지인 가이드였다. 너와 나는 그 뒤로 몇 번 함께 시내산에 올랐다. 나는 가이드이면서도 언제나 가장 늦었다. 너는 나에게 내가 왔던 모든 순간을 기억한다고 말했다. 나는 네가 친근했기 때문에 '모든' 이라는 부사어에 잠시 놀랐지만 내가 왔던 '모든' 순간을 하나씩 꺼내서 세어보고 나니 그건 고작 여섯 번밖에 되지 않는다는 것을 알았다. 너는 내가 첫날 입은 옷과 네번째 날에 데리고 온 친구마저 기억하고 있었다. 내가 얼마씩 멈추었다가 어떤 걸음을 걸었는지 기억했다. 나는 숨이 찼다. 나는 그 네번째 이후로는 일을 하지 않았다. 너와 나는 그저 시내산 여기와 저기를 돌아다녔다. 나는 말하지 않았지만 너에게 종종 미안했다. 시내산을 오르는 게 직업인 너이니 나와 함께 여기와 저기를 돌아다니면 하루를 공치는 셈이니 말이다. 하루를 공치고도 우리가 할 수 있는 이야기는 많지 않았고 나눈 이야기도 많지 않았으나 너는 많은 것을 기억하고 있었다. 많은 이야기를 하지 않았으므로 네가 기억하는 것은 주로 이야기하지 않은 것이거나 이야기할 필요가 없는 것, 때로 이야기로는 할 수 없는 것이었다. '기억한다'는 것 자체로 전해지는 문장, 내가 바다에 앉아 바위뿐인 시내산을 떠올리는 사이 바다는 낮과 밤이 데칼코마니처럼 바뀌어 앉고 있었다. 나는 너에게 바다가 데칼코마니처럼 되어가고 있다고 말했지만 너는 알아듣지 못했다.

도화지가 슬며시 반으로 겹쳐지는 시간, 아까부터 시계를 힐끔거리던 네가 일어섰다. 잠시만, 기도를 해야겠어. 너는 차에서 생수를 가져와 손을 씻고 얼굴을 씻고 귀를 씻고 발을

씻었다. 씻을 때마다 해변의 모래가 다시 신발 사이로 밀려들어가서 몇 번이나 다시 씻었다. 나는 귀를 닦는 네 손길처럼 경건해졌고 흘러나간 모래처럼 불경스러워졌다. 바다 앞에서 까먹던 과자를 먹을 수도 없고 너를 쳐다볼 수도 없고 다른 데를 쳐다볼 수도 없고 어물거렸다. 이슬람권을 그렇게 오래 여행하고도 내가 기도하지 않는 시간에 기도하는 사람을 보면 불경스러워지거나 미안해진다. 너는 이제 고작 스물다섯 살인데도 벌써 이마에 굳은살이 박였다. 하루에 다섯 번씩 이마를 땅에 대고 기도하다보니 이마에 굳은살이 생긴 것이었다. 사람들은 이마에 박힌 굳은살로 그가 얼마나 훌륭한 무슬림인지 가늠한다고 했다. 사람을 평가하는 많은 모습 중에 '굳은살'로 훌륭함을 재는 나라가 있다. 너는 훌륭하다.

네가 메카를 향하는 동안 주변에 소란스럽게 깔렸던 동네 아이들이 밥 먹으라는 외침도 없이 돌아가 어느샌가 바다는 텅 비어 있었다. '이런 게 쪽빛이구나. 아가씨, 나는 그동안 쪽빛, 쪽빛 했어도 진짜 이런 쪽빛은 처음 봅니다' 하던 몇 년 전 한 손님의 목소리가 물결을 따라 나지막이 퍼지고 바다에는 쪽빛 밤이 내려앉았다. 나

는 너에게 '쪽빛'을 말해주고 싶었지만 그냥 바다만 바라보았다. 우리는 '쪽빛'을 함께 발음
하지 못해도 이 밤이 네게도 쪽빛으로 내려앉았으면 좋겠다.

창

　나는 오늘 잘 열리지 않는 창문을 힘겹게 열고 싶다. 오래되어 아귀가 잘 들어맞지 않는 창문을 힘주어, 그러나 조심스럽게 열고 싶다. 한번에 밀어버리면 영영 깨져버릴 수도 있다고, 성급하지만 단호하지 않은 손놀림으로 끌어당기고 싶다. 이마에 살짝 땀이 맺혔으면 좋겠다. 끝내 열어낸 창에서 저녁의 냄새도 풍길 것이다. 시간을 들여야만 열리지만 그래도 창문을 새것으로 갈아 끼워야겠다는 생각은 하지 않았으면 좋겠다. 여는 게 쉽지 않았던 만큼 잘 닫히지 않았으면 좋겠다. 지나가는 비가 창틀에 몇 방울 닿아도 기껍게 맞겠다. 어젯밤엔 창문을 닫고 자야 한다는 사실을 잊었어도 좋겠다. 오늘도 비가 올 거라는 예보에 게으르게 일어나 문을 닫아도 낡은 창틈으로 빗물이 빛물처럼 약간 새어 들어왔으면 좋겠다. 창틀에 물이 고여 똑똑 떨어지는 소리에 낮잠에서 깨었으면 좋겠다, 당신이,

　오래된 창이었으면 좋겠다.

내가   찍어온 시간

　지금은 2012년이에요. 저는 이집트에 있죠. 이집트에 처음 온 건 2006년이었어요. 한 석 달만 있다가 한국에 가야지 했던 길이 근 열 달이 된 여행이었죠. 2008년에 저는 또 이집트에 왔어요. 이 년 만이었죠. 그때 저는 아샤랖에게 '이번에는 이 년 만에 만났는데, 다음에는 몇 년 만에 만나게 될까' 물었던 적이 있어요. 지나가는 말이었죠. 그런데 그는 '이 년 후에 다시 오겠다'는 말로 잘못 알아들은 모양인지 언젠가부터 새벽 다섯시쯤 그에게 전화가 걸려오곤 하는 거예요. 처음 일 년은 반갑게 받았죠. 잘 지내니? 나도 잘 지내. 가족은 다들 잘 지내지? 날씨는 어떠니? 손님은 많아? 결혼 준비는 잘하고 있어? 별다른 소식도 없는 인사였지만 저는 정성껏 그의 안부를 물었어요. 안부를 계속 묻다보니 제가 본 적 없는 그의 가족들이 궁금해지기도 했어요. 그의 결혼식까지 들었던가요. 다음 이 년은 점점 질문이 줄어들었어요. 난 잘 지내. 너도 잘 지내? 그래, 잘 지내. 마지막 일 년은 전화를 받지 않는 날이 전화를 받는 날보다 많았어요. 굳이 피하려고 한 것은 아니었지만, 그렇잖아요. 새벽 다섯시에 잠에서 깨어 '잘 지내'느냐고 묻고 '잘 지낸다'고 대답을 하고 '잘 지내'라고 인사를 몇 년이나 하다보면 조금 번거로운 거죠. 미안해요, 이렇게 말해서. 그런데 그즈음부터 그가 묻는 거예요.

　"언제 와?"

　저는 이게 무슨 소리인가 잠시 멍해졌어요. 2008년에 이집트를 떠나면서 다시는 가지 않으리라고 생각했거든요. 특별한 일이 있었던 건 아니었어요. 다만 이집트보다 많은 곳을 보고 싶었기 때문이고 이래저래 일 년쯤 머물렀으면 여행으로서는 충분하지 않나 싶기도 했던 까닭이에요. 그래요, 그땐 '여행으로서는 충분한 시간'이라는 게 있는 줄 알았죠. 그의 새벽

전화가 저를 곤란하게 했던 만큼만, 저는 돌아오지 않으려고 했어요. 제가 '돌아온다'고 적었나요. 그가 새벽 다섯시에만 전화할 수 있다는 걸 알면서도 하루는 되물었죠, 언제 오느냐는 질문에.

"한국은 지금 새벽 다섯시야. 알고 있니?"

그의 동네에는 전화가 터지지 않아요. 그는 시내산 주변으로 나와야만 제게 전화를 걸 수 있어요. 그가 얼마나 자주 일을 나오는지는 모르지만, 어쩔 땐 일주일에 한 번, 적어도 한 달에 한 번은 제게 꼭 전화를 걸었어요. 그는 아마 제가 말했을 때에야 한국은 새벽 다섯시라는 걸 알았던 것 같아요. 그렇지만 그 뒤에도 몇 번인가 그 시간에 전화를 걸었어요. 어쩔 수 없죠. 잠시 전화가 터지는 곳에 머물렀다가 산에 오르고 나면 다시 전화를 걸 수 없으니까요. 하지만 새벽 다섯시라는 걸 알려준 뒤로 저는 몇 번 일어나 부재중 전화를 확인했을 뿐이었어요. 평생 다시 보지 못할 사람에게 안부를 묻기 위해 전화를 건다는 건 어쩐지 부질없는 짓이라는 생각을 하곤 흠칫 놀라긴 했죠.

저는 다시 이집트에 왔어요. 여행을 하는 데 충분한 시간이라는 건, 없었던가봐요. 다시 이집트에 와서 그에게 전화를 걸었지만 연결이 되지 않았어요. 저는 제가 받지 않은 새벽 다섯시를 잊고 그가 간절해지기 시작했어요. 사람, 참 쉽지 않죠. 저는 그의 스물과 스물둘이 담긴 사진을 들고 무작정 시내산에 올랐어요. 초승달이 뜨는 날이라 한 치 앞을 보는 것도 쉽지 않은 걸음이었죠. 마지막 몇 번을 그와 함께 올랐기 때문에 시내산이 얼마나 어두운지, 제 걸음이 얼마나 불안한지 잊었던 거예요. 한 걸음을 슬며시 디디어 보고 가늠해야 하는 길이었어요. 저는 항상 아샤랖을 찾는 방법으로 아샤랖을 찾아 나섰죠. 별거 아니에요. 산 아래에서 '아샤랖, 알아? 베두인 아샤랖. 나는 아샤랖의 친구야.' 이렇게 물어봐두면 산을 다 오를 때쯤 그가 나를 찾아내거나 그의 친구들이 와서 그의 소식을 전해주곤 했거든요. 산 아래에서 던

진 이름이 산마루쯤 되면 이천 미터쯤 가뿐하게 오르는 거죠. 그의 사촌이 다가와 그는 한동안 일을 못하고 있다고 했어요. 요즘은 손님이 예전 같지 않다고. 그래서 그의 전화가 연결이 되지 않았던가봐요. 저는 나중에서야 제가 머물던 시내까지 찾아온 아샤랖에 물었죠. 대체 너의 사촌은 그렇게 동양인이 많은데 어떻게 나를 다 기억하느냐고. 그는 또박또박 대답했는데 저는 그게 참 아스라했어요.

"많은 사람들이 다시 오겠다고 해. 하지만 정말 다시 온 건 너밖에 없으니까. 그러니까 사람들은 너를 기억하고 있어. 너에게 인사를 하거나 말을 걸지 않아도."

저는 잠시 관광지가 고향인 사람에 대해 생각했어요. 저는 터미널이 고향인 사람이죠.

그는 사막밖에 없는 마을에 살고 있어요. 이건 사막 한가운데 집이 놓였다, 는 표현보다 적절하죠. 그의 집에서 보아야 해요, 세상을. 그러면 거기에는 사막밖에 없는 거죠. 집은 때로 처연해 보이기까지 했어요. 바람이 점점 거세어지자 바람이 불 적마다 문은 안으로 밖으로 열렸다 닫히곤 했어요. 그의 집 문에는 잠금장치가 있지만 그건 순전히 바람 때문이에요. 문

에는 항상 열쇠를 끼워놓아요. 누구든지 열고 들어올 수 있어요. 이럴 것을 뭐하러 달아놓느냐고 했더니 그냥 문을 닫으면 바람 때문에 문이 다시 열린다고요. 그의 집에는 아무나 들어갈 수 있지만 올라가는 길은 꽤 가팔라요. 그래도 용케 가로등도 없이 아이들이 잘도 오르내린다 싶었는데 아이 하나가 종종걸음을 치다가 넘어졌죠. 누구도 일으켜주지 않고 아이도 울지 않았어요. 저는 그의 마을에 처음으로 들어간 외국인이었는데, 이런 건 기네스북에도 올려주지 않겠죠. 아이들은 저를 신기해했고 저는 아이들이 저를 신기해하는 것에 익숙해 있었어요. 외국인을 자주 보는 아이들과는 달리 제 엄마의 치맛자락 뒤로 숨어들었다가 슬며시 제 뒤로 다가와 저를 찔러보기도 하죠. 이게 정말 사람인가, 싶은 표정이라니까요. 손가락을 들어 팔꿈치 같은 데를 쿡쿡 찔러보는 거예요. 가늘고 곧게 자란 머리카락을 만져보는 거죠. 이게 정말 머리카락인가, 싶은 표정으로 바람에 머리카락이 날릴 때마다 즐거워했어요. 아이들은 동양인처럼 가늘고 곧게 자란 머리카락을 가지지 않기 때문이죠. 머리카락을 툭 뽑아가고는 다시, 제 엄마의 치맛자락 뒤로 숨는 거예요. 그러면 글쎄 엄마도 뒤로 숨어요. 아이들은 저를 불러놓고도 막상 제가 돌아보면 집 안으로 뛰어 들어갔죠. 아랍어로 한마디라도 할라 치면 열 번씩은 돌림노래처럼 따라 불러요. 아나 이스미, 이스미, 이스미, 이름이라는 단어가 사막에 울려요.

아샤랍은 밤이면 마당에 천막을 쳐주었어요. 제가 별을 보며 잠들고 싶어했기 때문이죠. 그러면서도 모기가 들어갈지도 모른다고 제가 잠들 때까지 기다려 천막 위를 덮어주죠. 하룻밤을 자고 나니 아이들은 돌림노래를 멈추고 새로운 단어를 가르쳐주기 시작했어요. 내 이름은 슈룩이야. 슈룩은 해가 뜬다는 뜻이야. 사실 처음에는 해가 뜬다는 건지 진다는 건지 알아들을 수 없었어요. 해를 가리키고 손을 올렸다가 내렸다가 엄마에게 달려가 뭐라고 묻지만 엄마도 그건 모르는 모양인지 다시 돌아와 해를 가리키고 손을 들었다가 내렸다가. 슈룩이 아랍어로 '해'는 아니었기 때문에 그건 지거나 뜨거나 하는 것이었겠죠. 이름으로는 지는 것보다 뜨는 게 더 어울릴 것 같아서, 저는 뜨는 게 아닌가 하고 생각했을 뿐이었어요. 슈룩이 손을 흔드는 동안 해가 열 번은 뜨고 졌죠.

슈룩, 슈룩, 해는 떠오르고 해가 떠 있는 동안 금식해야 하는 라마단의 마을은 텔레비전 소리와 기도 소리와 낮잠 자는 소리로 낮게 번잡했어요. 사막밖에 없는 마을에서 가장 번잡할 수 있는 데시벨로 번잡했죠. 텔레비전에서는 낙타 경주 프로그램이 한창이었어요. 낙타 위에 얹힌 아이들은 작았죠. 제가 한참을 텔레비전 앞에 있었더니 제가 한 번도 낙타를 본 적이 없는 줄 알고 아이들은 저를 또 잡아끌었어요. 아이들은 제게 보여줄 것도 많고 놀릴 것도 많고 알려줄 것도 많고 데려갈 곳도 많죠. 저는 슈룩을 따라 나서다 그만 지나치게 큰 돌산 앞에서 숨이 막혀버렸어요. 가도 가도 사막만 있어 일 년쯤 걸어도 어디에도 닿을 수 없을 것 같은 사막으로 저를 끌고 갔거든요. 옆집에 놀러 가는 길이라고, 친구네는 낙타가 있다고 하는 것 같았어요. 사막도 엄두가 나지 않는데 하루종일 물 한 모금 마시지 못한 전 망연해서 그만 슬그머니 손을 뺐어요. 한참 뒤에야 슈룩은 먼지를 풀풀 일으키며 낙타 대신 낙타를 가진 친구를 데려왔죠. 슈룩은 돌산에서도 가뿐하게 통통 튀어 다녔어요. 저는 무슬림이 아니지만 라마단에 그들의 집에 있으니 그들처럼 금식을 하겠다고, 물도 마시지 않겠다고 했던 결심을 무너뜨리고 물을 한 통이나 다 마셔버린 참이었어요. 아샤랍의 아내인 아지즈가 제 밥상을 따로 내어다준 것을 미안해서 차마 먹지 못하고 부엌에 다시 놓아둔 참이었죠. 그 바

람에 부엌에 있던 물통을 보고는 참지 못해서는 한 통을 다 마셔버린 참이었어요. 슈룩은 슈룩, 슈룩 긴 치마를 나풀거리며 뛰어가 친구를 불러다놓고는 또 어디로 슈룩, 슈룩 뛰쳐나갔어요. 저는 방에 들어가 카메라를 꺼내왔어요. 사진을 찍는 일에는 말이 필 요하지 않으므로 저는 슈룩의 친구를 불러 세우곤 어깨에 팔을 둘렀죠. 제법 무거운 카메라를 한 손으 로 들어 렌즈를 우리 쪽으로 향하게 하곤 한 장씩 찍 을 때마다 보여주면서 우리는, 뿌듯했어요. 열 장쯤 찍었을까요, 창문으로 우리를 훔쳐보던 마호멧이 다가와 자신도 찍어달라고 하려다 다시, 새침해졌 죠. 슈룩은 어느새 아샤랖의 아이를 포대기에 '담 아' 왔어요. 아이를 '담아' 왔다는 말이 이상하죠? 저 는 그게 아이인 줄도 몰랐어요. 끈이 달린 보자기에 아이를 앉히고는 천으로 감싸서 끈을 제 머리에 거 는 식이죠. 아이는 해먹에 눕듯 누워 있고 슈룩이 움 직일 때마다 알맞게 흔들렸죠. 근 한 시간 동안 사진 을 백 장가량 찍은 것 같았어요. 제 손에 들렸던 카 메라가 아이들에게 넘어가고 아이들은 또 제가 찍 은 것과 같은 것을 몇 번이나 다시 찍었죠. 제가 산 을 찍으면 카메라를 넘겨 달라 해서 산을 찍고 제가 아이들을 찍으면 다시 또 카메라를 달라 해서 저들 끼리 찍는 식이에요. 슈룩은 슈룩, 슈룩 잘도 돌아다 니고 해가 지고 있어요. 아지즈는 아이를 받아 해질 무렵의 '아침밥'을 짓기 시작했어요. 라마단 기간에 는 해가 떠 있는 동안 아무것도 먹지 못하니 하루의 첫 끼가 저녁인 셈이죠. 그것을 그들은 '아침밥'이라고 부르더군요. 곧 이집 저집에서 음식을 하나씩 해서 모일 것이었어요. 삼형제가 나란히 살아 아내들은 나란히 밥을 하고 반찬을 만들죠. 해가 중천에 떴을 무렵 이불을 메고 낮잠을 자러 모스크에 갔던 동네 사내들이 한둘씩 모이고 있었어요. 갈 때는 서넛이었는데 올 때는 예닐곱이 족히 넘어 보였죠. 어쩐 일이냐니까 제가 왔다고 해서 '구경'을 하러 왔다고요. 동네 사내라고는 해도 그들은 죄 가족이에요. 아샤롶은 11형제 중 여덟번째인가 그렇죠. 큰형과 둘째 형은 죽고 이제 아홉인가 남았다고요. 그들은 멀지 않은 곳에 또 집을 짓고 모여 살아요. 살아남은 형제 중 장남인 셋째 형이 이제 아버지의 집에 살죠. 아샤롶의 아버지가 결혼을 할 때는 집이 한 채도 없던 곳에 집을 한 채 지어 올렸대요. 아들을 몇 낳고 아들들은 또 아버지의 집 옆에 집을 지어 올렸어요. 셋째 형은 죽은 첫째 형이 살던, 아버지가 돌아가신, 아샤롶이 태어난 집에 살고 있어요. 지금은 막내 동생이 집을 짓는 중이에요. 집은 아직 뼈대만 서 있지만 일이 년 안에 지어질 거라고요. 집을 다 지으면 막내도 장가를 들겠죠.

"너희 집은 정말 굉장하다. 자기가 태어난 집에서 아직도 살고 있다니 말이야. 이건 정말 굉장한 일이야. 서울에는 이렇게 오래된 집이 많지는 않아. 내가 태어난 동네는 모든 건물을 부수고 아예 동네를 새로 지었는걸."

진심으로 감탄했더니 셋째 형이 가장다운 늠름함과 연륜을 지닌 농담을 하죠.

"이집트에는 이렇게 오래된 집이 많지. 이렇게 한 백 년 정도 살다가, 유네스코한테 주면 돼."

이집트니까 할 수 있을 유쾌한 농담에 해는 결국 떨어졌고 슈룩은 스프며 이것저것이 담긴 쟁반을 이집 저집에서 내왔어요. 셋째네는 스프를 끓였고 넷째네는 샐러드를 만들었고 아샤랍네는 밥을 지었어요. 저는 밥이며 반찬이며 주스 한 잔까지 꼬박꼬박 사진으로 찍어 담아왔어요. 제가 별 걸 다 찍는다고, 저보다 더 신기해하며 저를 쳐다보는 아이들을 보며 친구가 했던 농담이 떠올랐어요. 그렇게 이것저것 자꾸 찍고 다니면 한국에는 쌀도 주스도 샐러드도 없는 줄 알겠다던. 우물마저 신기해했더니 나중에는 돗자리며 모닥불이 있는 곳까지 데려가요. 사진을 찍으라고 모닥불마저 피워주죠. 아이들의 웃음과 소란과 수줍음과 어른들의 웃음과 소란과 수줍음과 한숨과 그러고도, 농담까지 찍어왔어요. 저는 이집트식 농담이 참 좋아요. 그들은 농담에 자부심이 있죠. 간혹 '한국 농담을 해봐' 하지만 만득이며 최불암이며 이런저런 시리즈가 떠올랐다가 묻혀요. 잘 기억나지 않죠. 그들은 다들 농담 몇 개쯤 알고 있죠. 사람이 여럿 모이면 그렇게 자기가 아는 농담을 몇 개씩 들려줘요. 어떻게든 상대를 웃겨야만 직성이 풀리는 사람들이죠. 어떤 상황에서도 웃을 준비가 되어 있는 사람들이에요.

한참을 웃었어요. 처음 이 웃음을 다시 웃는 데 이 년이 걸렸죠. 그다음에 이 웃음을 다시 웃는 데에 사 년이 걸렸어요. 어쩌면 육 년 뒤에 저는 다시 웃을 수도 있겠죠. 지금 제가 걸음 하나까지 찍은 그들의 과거를 그때 다시 인화해서 와야겠어요.

길을   잃자

가끔씩 그는 길을 잘 못 찾는다며 어렵게 말을 꺼내 얼버무리곤 했다. 길 같은 거야, 잘 못 찾아봤자 조금 불편한 정도 아니겠냐고 말해도 그는 부끄러워했다. 길을 찾는 건 남자의 자존심 같은 거야. 그의 자존심은 자꾸만 하찮아졌다. 약속 장소에 먼저 닿는 건 항상 나였기 때문이다. 그는 나보다 부지런했고, 그는 나보다 약속을 중요하게 여기는 사람이었지만, 자꾸만 길을 잃었기 때문에 나는 항상 그보다 먼저 도착했다. 나는 방향 감각이 뛰어나다거나 기억력이 좋다거나 하지도 않으면서 길을 잘 찾았다. 길을 잘 찾는다는 것이다. 길을 잃지 않는다, 는 이야기가 아니다.

결국 다마스쿠스에 닿았다.

버스는 새벽 네시 무렵 나를 다마스쿠스에 내려놓았다. 나는 아직도 지도를 사지 않았으므로, 호텔을 찾기도 힘들었다. 일단 걷기로 했다. 아마 나는 또 길을 잃을 것이다. 내가 가려는 데가 어딘지도 모르고, 가려는 데가 있기는 한지. 가방이 점점 무거워질 때쯤 호텔의 간판을 발견했다. 외따로 달려 있던 터라 쉽게 찾을 수 있을 줄 알았지만, 막상 삐죽삐죽한 골목을 따라 걸으니 호텔은 쉽게 나오지 않았다. 길을 잘 찾지 못하는 그와 함께 걷는 기분에 혼자 웃어버렸다. 새벽 다섯시, 도무지 닿지 않는 호텔의 불빛을 보며 그가 그리워졌다.

결국 해가 뜨고 나서야 호텔에 들어설 수 있었다. 호텔은 바로 앞에 나를 두고 왜 못 찾았냐는 듯 당당하게 늦은 불빛을 밝히고 있었다. 방에 들어서서 일단 창을 열었다. 나는 어디를 가든 일단 창을 먼저 열어 내가 어디에 있는지 확인한다. 창을 열어 내가 어디에 있는지

알게 된 적은 별로 없었지만, 그래도 어떤 맹목적인 믿음을 가진 오랜 버릇이다. 그러나 역시, 창문을 열어도 창밖에 보이지 않았으므로 나는 내가 어디에 있는지 알 수 없었다. 담배에 불을 붙이며 그를 데리고 오고 싶다는 생각을 했다. 여기서 그는, 자유로울 수 있을 것이다. 처음 닿은 도시에서 길을 잃는 건 지극히 자연스러운 일이니까.

길 같은 거, 조금 잃어버려도 괜찮다. 나는 이 도시에 처음 왔으니 모르는 게 당연하다. 그는 길을 잃을 때마다 조급해했고, 내게 미안해했다. 하지만 이제야 그에게 진심을 담아 괜찮다, 고 말하고 싶어졌다. 길 같은 거, 조금 잃어버려도 괜찮다. 우리는 처음 살아가는 거니까. 처음 살아가니까, 모르는 게 당연하다.

이방의 날들

내가 떠나온 시간을 세며 날짜를 가늠한다. 나와 그리고 당신의 지난날을 돌아도 보고 우리는 오늘, 차다.

오늘의 여행은 달뜨고 나는 내가 여행을 좋아하는 사람인지 두어 번 정도 다시 생각해본다. 단어와 단어가 끊기는 날들, 어제 느낀 감정을 정리하지 못하고 흘려보내는 날들, 기억나지 않을 사진을 찍는 날들, 감탄에 지친 날들, 나는 이방의 나라에 사는 것을 생각한다. 나는 게으르게 걷는 것에 대해 생각한다. 단 한 글자도 읽을 수 없는 책을 사는 것에 대해 생각한다. 발음하기조차 힘든 이름의 음식을 좋아하는 것에 대해 생각한다. 감기에 지쳐 일어날 수도 없던 날 끓여주는 한 그릇의 몰로키야 수프를 생각한다. 나는 아직도 몰로 '키'야를 제대로 발음할 수 없다. 우리는 같은 의미를 다른 문자로 발음한다. 다른 발음일 뿐이라고 나를 다독여도 의미가 왜곡될 것 같아 불안하다. 세상에 직역될 수 있는 단어들에 대해 생각한다. 정작 그건 그리 많지 않다고도 생각한다. 한국어로 생각하고 영어로 발음하는 단어들에 대해 생각한다. '보고 싶어'를 말하는 일은 자주 어렵다. '아이 미스 유'는 낯간지럽고 '아이 원트 투 씨 유'에는 서정이 없다. 그러나 당신은 '보고 싶다'는 말로 알아들을 수 있을 거라고 믿고 싶다. 내가 '당신을 만나고 싶다'고 말하는 것과 '그립다'의 사이에서 생길 수밖에 없는 간극을 우리의 동공과 그보다 깊은 곳과 상냥한 표정과 가는 떨림으로 이야기하자, 나는 당신이 보고 싶다. 당신은 목구멍을 울려 발음하는 언어로, 나는 혓바닥을 굴려 발음하는 언어로, 그러나 우리는 서로가 보고 싶다.

바르셀로나는 아침부터 소란했다. 아니, 바르셀로나는 아침까지 소란했다. 나는 잠이 채

깨지 않은 채로 담배를 물고 거리로 나왔다. 해변에 있는 클럽에서 홀린 달뜬 흥분이 아직 거리에 깔려 있었다. 깨끗하게 라벨이 붙은 맥주 빈 병이 몇 개쯤 굴러다니고 열린 피자 판에 덜 먹은 피자 한 조각이 삐져나와 있고 어젯밤 해변에서 끌고 온 모래도 깔린 골목, 아직 돌아가지 않은 청년 몇이 낄낄거리고 소녀는 아이라인이 번져 눈 밑이 거멓다. 아침 일찍 문을 여는 슈퍼는 셔터를 올리고 가게 앞에는 막 도착한 채소가 옮겨지고 밤의 소리와 아침의 소리가 적당하게 섞인 이른 아침, 익숙하다. 술 취한 아침의 거리는 지저분하면서도 묘하게 평안을 주는 데가 있다. 그래도 아침은 온다는 느낌. 흔적은 차분하다. 안녕, 좋은 아침이다. 너는 어떠니. 어젯밤부터 취했을 청년이 지나가는 길에 물었다. 나는 눈을 채 비비지도 않은 상태였으므로 물론 대답하지 못했고, 너는 좋지 않은 것 같구나, 그래도 남은 하루는 좋기를 바라, 청년은 지나갔다. 며칠 전 나는 스페인에 왔으니 상그리아는 마시지 않겠다고 괜한 치기를 부려보기도 했다. 파블로의 귀띔 때문이었다.

"상그리아는 이제 관광객이나 마시는 거지. 아니면 아저씨, 아줌마들이나 마시는 거야. 우린 상그리아를 마시지 않아."

"그럼 너네는 뭘 마시지?"

"당연히 맥주지."

파블로는 어깨를 으쓱했다. 이제 온 세상이 맥주를 마시는구나, 어쩐지 맥주에 아쉬운 밤, 파블로는 지나는 식당마다 '저기 봐. 저 테이블은 상그리아를 주문했지? 봐봐. 저 사람들은 스페인 사람이 아니야.' 지나갈 때마다 내게 확인시켜주었다. 어깨를 으쓱했다, 그건 일종의 자부심 같은 거였다. 그래서 나는 그날 밤 잠시, 스페인에서 상그리아를 마시지 않고 파에야 Paella를 먹지 않아야겠다는 얄팍한 억지를 다짐하기도 했다. 내가 기억하는 한 코카콜라가 없는 유일한 나라였던 시리아에서 코카콜라를 발견했을 때만큼은 아니지만 약간 서운했다. 그러면서도 나마저 맥주를 마시는 것이다, 그래, 스페인의 젊은이들은 맥주를 마신단 말이지? 그러나 나는 물론 상그리아를 마시며 파에야를 먹었다. 어젯밤이었다.

점심은 마리아의 친구들과 함께였다. 우리는 각자 도시락을 싸 시우다테야 공원에서 만나기로 했다. 우리의 첫 만남이었다. 나는 맥주를 은주는 과일과 주스를 마리아는 직접 만든 파

스타를 그리고 마리아의 친구들은 샐러드를 준비해 개선문Arc de Triomf 밑에서 만났다. 그녀들은 정말 '점심시간'이었다. 점심시간이 길어 도시락을 싸가지고 나와 공원에서 점심을 먹고 돌아가기도 한다고 했다. 우리는 처음 만났지만 낯설지 않게 재잘거렸다. 여자군, 여자야. 내가 좋아하는 몇 가지 편견, 여자는 처음 만나 많은 것을 빠르게 관찰하고 쉽게 웃는다. 스페인은 더욱 그렇다. 소란하고 친절하다, 소란하게 친절하다. 공원에는 많은 사람들이 나와 있었다. 치어리딩을 연습하는 소녀들의 무리에서 꼭대기에 올라선 소녀가 위태롭게 흔들리다 떨어지고 우왕좌왕하던 소녀들은 깨알같이 웃어넘기고 마임을 연습하는 청년이 산책 나온 꼬마 아이 둘을 앞에 세워놓고 공으로 묘기를 보여주고 노부인이 낮잠을 자고 우리는 한국과 카탈루냐의 문화와 언어를 나눠 먹었다.

　　나는 외국 사람들을 만나면 자주 들려주는 한국 문화와 언어에 관한 몇 가지 레퍼토리를 갖고 있다. 우선은 나이부터 시작한다. 나는 지금 스물여덟이야, 하지만 한국에 가면 스물아홉이지, 우리는 태어나면 일단 한 살이 되었다가 1월 1일이 되면 모두 함께 나이를 하나씩 먹는 거야. 그래서 12월 31일에 태어난 애는 일단 한 살이었다가 이튿날이 되면 두 살이 되는 거지. 이제 슬슬 흥미롭기 시작한다. 동양 문화에 대해 들어본 적이 없는 어떤 친구는 혼란스럽다는 듯이 물었다. 그러면 한국은 1월 1일에 모두 다 함께 생일잔치를 하는 거야? 그들에겐 생일잔치를 하면 나이를 먹는 것이니 그렇게 물을 법도 했다. 그러고는 '성姓'을 이야기한다. 같은 성이 굉장히 많아서 우리는 성으로 사람을 구별하는 게 어렵다는 이야기, 그러면 스페인에서는 어머니와 아버지의 성을 함께 이름에 넣는다는 이야기를 나눠 가지고, 여기까지는 입가심이다. 다음에는 단수와 복수를 들려준다. 이건 체크메이트를 준비하는 이야기, 포석을 깔아주는 것이다. 한국어는 기본적으로 단수가 복수의 의미를 포함하는 언어야. 그래서 아무리 산이 많아도 우리는 '산'이라고 하지, '산들'이라고 하지 않아. 공동체 문화 때문이지, '하나'를 말하면 그게 곧 '여럿'이 되는 거지. 그럼 이제 내가 가장 좋아하는 '우리'로 넘어갈 차례. 한국 사람들은 '우리'라는 말을 많이 써. '나'보다 '우리'를 중요하게 생각하기 때문에 '나'라고 해야 할 곳에 종종 '우리'라는 말을 쓰는 거지. 그러니까 '우리나라'인 거야. '나의' 나라가 아닌 거지. '우리' 집이라고 해, 내가 비록 혼자 살고 있더라도, '우리' 엄마라고 해, 내가 외동이라도 말이야. '우리' 딸, '우리' 아들 그리고 이렇게 말하는 거야. '우리' 남편.

체크메이트.

세상에. 내 남편이, 내 남편이지, 우리 남편이라니, 내가 남편을 누구와 나눠 가져야 하는 거야? 우리는 잔디로 거꾸러지며 재잘거린다. 이건 우리의 점심, 이건 우리의 자리, 이건 우리의 시간, 그럼 이건 우리의 카메라야? 아, 미안, 그건 '나의' 카메라야.

공원의 끝에서는 삼십 년째 여행중이라는 노인을 만났다. 은주와 둘이 걸어 나오는데 노인이 다가와 인도식으로 인사를 했다. 나마스떼. 나는 한국식으로 고개를 숙였다. 둘 다 헬로우, 하고 말했다. 어디에서 왔어? 우린 한국에서 왔어요. 당신은 어디에서 왔어요? 나는 아무데서도 오지 않았어. 노인은 이탈리아에서 태어나 프랑스에서부터 여행을 시작했다고 한다. 인도까지 갔다가 돌아왔다고, 많은 이야기를 나누지는 못했지만 노인은 정말 삼십 년은 걸어 다닌 차림새였다.

마리아와는 다시 만나 카탈루냐 독립 시위에 함께 갔다. 인, 인, 인디펜던시아independència, 인, 인, 인디펜던시아. 어느 나라에 가서 '안녕하세요', '고맙습니다' 다음에 배운 말이 '독립'이기도 쉽지 않을 것이다. 스페인에 도착한 지 불과 사나흘 만이었다. 스페인에 왔더니 글쎄, 사람들이 나와서 '카탈루냐는 스페인이 아니다'라는 피켓을 들고 걸어 다니는 것이었다. 우리는 독립과 일본과 스페인과 카탈루냐와 한국을 이야기했다. 우리나라의 경건한 독립을 떠올리기도 하고 나는 잠시 숙연해지기도 했지만 카탈루냐 독립 시위에는 노래가 있고 춤이 있고 인간으로 쌓은 탑이 있고 소란이 있고 오랜만에 만난 친척들이 있었다. 바르셀로나를 떠나 사는 마리아의 친척들까지 거리에 나온 것이었다. 사람들은 축제처럼 몰려 시청으로 걸어갔다. 나는 스페인어가 아닌 카탈루냐어를 몇 마디 더 배워왔다.

나는 지금 처음 온 카페에 앉아 이 글을 적고 있다. 등이 높은 소파에 몸을 깊숙이 파묻고 테이블을 최대한 끌어당겼다. 눈을 감고 삼십 년째 여행중이라는 노인을 끌어당겼다. 나는

당장 코앞에 닥친 서른이 두려운데 삼십 년을 여행한다니 노인은 어디를 찾고 있는 것일까. 나는 겁이 난다, 혀를 내둘렀다. 노마드나 아나키스트는 책으로 익혀서 머리로만 아는 것이라고, 나는 '자유'를 생각하면 아득하다. 그건 우주에 툭 던져져서는 어디로 흘러가기는 해야 할 텐데 어디로 갈 수도 없고 스스로 힘도 없고 보이는 건 아득, 뿐이라 손사래를 쳤다, 어떤 사람들이 간혹 내게 '자유로운'이라는 수식어를 붙일 때마다. 이거 왜 이래요, 나를 우주에 던져버리지 말아요. 삼십 년쯤 되면 안드로메다까진 아니어도 명왕성쯤 가서는 '이봐, 나도 있어, 나도 좀 끼고 싶다고!' 소리라도 칠 것 같은 기분이다. 당신에게는 들리지도 않고 나는 내가 있을 곳을 찾고 있구나, 새삼 깨닫고 카페 바깥 거리는 사람들로 넘쳐났다. 사람들은 어깨며 허리에 카탈루냐기를 동여매고 다녔다. 이렇게 많은 사람들이 똑같은 기를 몸에 두른 광경은 어딘지 비현실적이기까지 했다. 창문에서도 카탈루냐기가 펄럭거렸다. 나도 모르게 인, 인, 인디펜던시아, 독립을 중얼거리며 커피를 주문했다.

스페인은 소매치기를 주의하여야 한다고들 하도 말하여서 나는 긴장한 채로 담배를 피우러 나가서도 내 랩톱을 주시하였고 휴대폰을 두고 자리를 뜨지 않았다. 화장실을 물어보자 '화장실은 아래에 있어요. 그리고 걱정하지 말아요. 당신의 짐은 우리가 잘 살펴보아줄 거예요.' 눈을 찡긋하며 점원이 웃었다.

나는 떠나온 지 183일이 되었다. 나와 그리고 당신의 어제와 오늘을 돌아도 보고 우리는 오늘……

맥주를 마시자

아침에는 늦게 일어났다. 늦잠을 자는 건 쉬운 일이 아니었다. 샤워실 두 개에 화장실 하나, 남녀 할 것 없이 묵고 있었으므로 일곱시부터 사람들은 쉴새없이 드나들었다. 그마저도 어제는 아래층 샤워실이 고장 나 부쩍 소란했다. 쫓겨나듯 거리로 밀려나와야 했다. 비단 소란 때문은 아니었다. 간혹 나는 나의 게으름을 부끄러워했다. 늦잠을 잘 때면 누군가 내게 보아야 할 의무와 걸어야 할 의무에 대해 잔소리를 할 것도 같고. 오늘은 열두시가 넘어 테라스로 나가자 주인아저씨가 담배를 피우고 있었다. 보랏빛으로 칠한 난간이었다. 내가 늦게 일어난 것에 대해 묻지나 않을까 내심 염려가 되기도 했다. 그는 묻지 않았다. 좋은 아침이야.

나는 내가 아직 놓지 못하고 있는 것에 대해 생각했다. 나는 오늘도 킹스턴에 가기로 했다. 내가 영국에서 처음으로 길을 잃었던 곳이었다. 템스 강Thames River을 끼고 있는 킹스턴 하이 스트리트는 한산했다. 관광지가 아니기 때문이다. 점심에는 '생활'을 하고 있을 것이었다. 나는 조금 여유로워졌다. 출퇴근 시간에 산책하는 것은 간혹 불경스럽기까지 했다. 당신들은 생활을 하시는데 나는 이렇게 '쓰잘데기' 없이 걸어 다녀서 미안합니다. 런던 사람들은 빨리 걷는다. 나는 그들의 걸음을 따라가지 못해 멋쩍고, 일부러 뻔히 아는 길에 서서 지도를 뒤적거려보기까지 했다. 나는 어차피 길을 따라 쭉 갈 것이었다.

"영국이 왜 좋아?"

열 몇 살에 가족과 함께 영국에 온 훈에게 물었다. 다른 선택이 그에게 있지 않았으리라는 생각을 하면서도 물었다.

"영국에서는 낮에 공원에서 맥주를 마셔도 아무도 뭐라고 하지 않았잖아. 사지도 멀쩡한

젊은 놈이."

훈은 맥주 때문에 아직도 런던에 산다고 말했다. 런던은 사람들이 빨리 걸어가 공원에서 맥주를 마시게 했다. 우리에게는 십일 년 전 뉴몰든New Malden의 공원에서 사지 멀쩡한 어린 녀석들이 밤을 새워 맥주를 마신 기억이 있다. 맥주 한 팩과 감자칩 한 봉지면 해가 뜨곤 했다. 이야기를 나누던 공원 벤치 위로 이슬이 내려앉았다. 우리는 두고 온 나라를 주로 이야기했을 것이다. 그도 나도 외국이라고는 영국이 처음이던 시절이었다. 영국에서 유일하게 치열하지 않은 시간이었다. 그때쯤엔 '떠남'이 나로 하여금 맥주를 들이켜게 한다고 생각했을 것이다. 우리는 떠나온 사람이다. 나는 이곳에 속하지 않았다. 그러고 보면 그때쯤 나는 영국에서 한 육 개월을 보낸 뒤였다. 정원이 있는 벽돌집이 늘어선 런던의 교외에서 우리 집 정도는 거뜬히 찾아낼 수도 있었다. 문이 닫히면 잠겨버리고 만다는 것에도 익숙해질 정도였다. 처음에는 그게 참 익숙해지지 않아 전화를 잠깐 걸러 나왔다가 혹은 음료수를 사러 나왔다가 잠옷 차림으로 잠긴 문 앞에서 망연해하기도 했다. 영국에서 처음 이름을 주고받은 건 옆집 여자였다. 문이 잠겨 어쩔 줄 모르다가 내가 방의 창문을 열어놓고 나왔다는 사실을 떠올리곤 옆집 벨을 눌렀다.

미안한데요, 저는 옆집에 이사 왔어요. 한국에서 왔는데 옆집에 삼층에 살아요. 그런데 문이 잠겼어요. 당신의 지붕을 좀 빌려줘요.

나는 분명하게 이렇게 말했다. '지붕을 좀 빌려줘요.' 지붕을 빌려달라니. 나는 다른 식으로 말할 것을 생각도 못했을 때였지만 그녀는 용케도 내가 하는 말을 알아들었다. 나는 그녀의 집으로 올라가 그녀의 지붕 밑에 달린 난간을 '빌려' 우리 집 지붕으로 건너갔다. 내 방은 다락방이었다. 지붕에 창문이 뚫려 있었으므로 그녀의 집 난간에서 힘들게 몸을 뻗으면 들어갈 수 있을 거리였다. 우리는 자주 창문으로 인사했다. 인도에서 태어나서 영국으로 시집을 왔다고 했다. 그녀의 남편은 인도인 가게를 운영했다. 동네의 자그마한 슈퍼는 인도 사람들이 운영하는 곳이 많아 사람들은 동네 자그마한 슈퍼를 '인도 가게'라고 불렀다. 그녀는 나보다 두어 살 많았던 것으로 기억한다. 내가 열여덟이었으니 그녀는 많아야 스물이었거나 스물하나쯤 되었을 것이다. 영국에서 최초로 나에게 무언가를 '빌려' 준 사람이었다. 몇 달쯤 지나 나는 이제 열쇠를 집 안에 놓고 문을 닫는 일도 없을 정도로 익숙해졌지만 여전히

맥주를 마셨다, 밤을 새워, 혹은 낮에도. 그 시절을 안고 있으면서도 나는 지금 내가 벗어내지 못한 것을 생각한다. 나는 런던의 시간을 제대로 걷지 못하는 것은 아닐까, 생활인으로 살아온 습관을 버리지 못했다. 마지막 여행을 생각해보면 고작 이 년 전이었는데도. 일을 하지 않는다는 사실이 죄송하기도 했다. 나는 누구도 묻지 않는데 이것이 그간 내 노동의 대가라고 억지로 나를 다듬기도 했다. 아, 안 물어봤다니까!

행복하다고 말하지 못하는 어떤 나라를 생각한다, 자신을 학대하여 지나치게 피로한 것이 미덕인 나라를 생각한다. 하루종일 공부를 하고 돌아오는 길이면 뿌듯하고 커피라도 한 시간 마시고 나면 미안한 나라, 평생을 쉬지 않는 것이 미덕인 나라를 생각한다, 행복하냐는 질문에 행복하다고 하면 어쩐지 나만 나태한 것 같아 행복하지 않다고 말할 수밖에 없는, 그래서 행복지수가 낮은 게 아닐까 하고 생각하게 하는 나의 고향을 생각한다.

우리는 행복하다고 좀 고백합시다.

당신은 행복해도 괜찮습니다. 꼭 열네 시간씩 일을 하거나 공부를 하고 집에 오는 길에만 뿌듯하지 않아도 괜찮아요. 오늘은 쓸데없이 네 시간을 걸었다고 뿌듯해합시다. 건강 때문에 걷지 않아도 돼요.

우리는 좀 쓸데없을 필요가 있죠. 하등의 쓰잘데기가 없읍시다.

세시가 지나자 쇼핑몰 거리에 사람들이 점점 모여들었다. 교복을 입은 아이들이 많아져서 더욱 북적이는 느낌이 들었다. 아이들은 영롱하게 북적거린다. 쓸데없이 기웃거리고 사지도 않을 화장품을 서로 바꿔 발라보았다. 비틀스가 들렸다. 영국에서 비틀스라니, 지나치게 상투적이지 않나 하고 망설이다가 비틀스로 갔다. 남자는 비틀스를 끝내고 비틀스를 노래했다. 웃으라고 적혀 있었다, 삶은 짧다고도 적혀 있었다. 피켓을 놓아두지 않아도 충분했다. 잭 케루악의 책이 놓여 있었다. 사내의 앞에 선 동안 가랑비가 내렸고 아무도 우산을 펼치지는 않았다. 그는 몇 곡을 더 불렀다. 런던이었다. 나는 맥주를 사러 갔다.

죽지 않아도 되겠다

떠나간 곳에서의 죽음을 상상한다. 몇 장의 유서를 적어서 잘 보이는 곳에 접어둔 적이 있다. 의지를 품은 것이 아니었다. 사람은 언제든지 죽을 수도 있다는 걸 알고 있을 뿐이었다. 나의 유서는 이렇게 시작한다. 내가 죽은 뒤 이 글을 발견한다면 내가 스스로 죽은 것이 아니라는 걸 먼저 밝힙니다. 나는 의지가 없을 때에만 유서를 썼다. 단지 죽음 후를 준비하는 것 뿐이었다. 그러고도 간혹 먼 곳에서 죽는 일을 떠올린다. 시와 사막에서 죽고 싶다는 대사가 나오는 소설을 읽은 적이 있다. 제목이나 다른 것은 기억나지 않는다. 정작 시와에서는 사는 게 아름다워서 늙는 것조차 안타까웠다.

별은 사막에서 봐야 한다. 단순히 빛이 없는 장소를 이야기하는 게 아니다. 산의 밤은 소란스럽다. 사소한 바람에도 부스럭거린다, 마음도. 하늘을 가리는 것이 아무것도 없더라도 바다의 밤은 철썩거린다, 습하다. 별을 볼 때는 사막으로 가서 가만히 누워야 한다. 가슴까지 바스락거리도록 건조하게. 바닥에 담요를 하나 깔고 반듯하게 누워만 있어야 한다. 나를 품은 세계의 호흡이 무심한 듯 지나가고 별에 오롯이 마음을 쏟는다. 사막의 별에는 '별' 이 아닌 다른 이름을 붙여주어야 한다. 별, 별, 별별 흔해버린 단어로 불려서는 안 되는 것이다. 나는 죽음을 생각한다. 죽어서 별이 된다는 어머니의 이야기를 올려다본다. 죽음이 빼곡하다. 세상에 저렇게나 죽음이 많다니. 나는 너무 많은 죽음에 고개가 다 뻐근하다.

추자도에서 혼자 묵을 방을 찾을 때였다. 빈 방이 있느냐고 물었더니 무슨 일이 있느냐고 되물어왔다. 아주머니는 많은 것을 물었다. 나는 서울에서 왔고 나이는 스물넷이고 대학생이고 몇 가지를 대답하고 나서야 방이 있기는 하다, 는 대답을 들었다. 방을 얻어 들어와 짐을 풀어놓고 창을 여니 아주머니가 죽음을 생각했던 것을 알겠다.

나는 그만 내 삶의 열정을 꼬치꼬치 대답하고 나서야 이 방을 얻었구나, 싶다. 왜 혼자 여행을 하느냐고 세 번은 더 물었던 것 같다. 나는 유다도 아니고 세 번쯤 거짓말했다. 사실 처음에는 혼자 여행을 하는 데에 별 이유 같은 건 없다고 했지만 결국 친구와 함께 왔는데 친구는 일이 있어 먼저 올라가고 나는 제주도에 남아서 마저 여행을 하다가 넘어온 것이라고 말해야 했다. 굳이 따지자면 거짓말은 아니었지만 참말도 아닌 대답, 혼자인 것에 대해 이유가 필요하다는 사실이 나를 좀 불편하게 했다.

질문이 좀 과하다 싶었는데 방에 들어와 짐을 풀고 나니 아주머니가 내가 죽을 것을 의심했다는 것을 알겠다. 나는 떠나온 곳에서의 죽음을 생각했고 곧 내가 이곳에 있다는 것을 누가 알고 있는지 떠올려봤고 나의 사람들은 내가 이곳에 들어왔다는 것을 알지 못한다는 생각을 하자, 평온해진다. 온전하게 혼자. 그리고 나는 죽지 않아도 될 것 같아진다.

몰타의   언어

「이 도시 ― 노예의 손에 건설되어 완벽하게 구축된 ― 는 땀과 피, 위험과 겉치레, 금과 석회암 의 총체였다. 한 인간의 비전. 돌과 회반죽으로 구축된, 위대하고 거대한 야망의 표명. 기사단, 프 랑스인, 영국인 모두가 권리를 주장했고, 모두들 이 도시에 살았다. 그리고 모두 다, 어떤 식으로 든, 이곳을 건설하고 파괴하고 그리고 버렸다. 그러나 세월의 고난을 견뎠고, 지반을 고수했고, 적 의 파괴에 저항했던 이 도시는, 언제나 그리고 여전히, 자신이 줄 수 있는 단 하나의 확신을 제공 하고 있다. 복원과 보호. 이 도시는 카라바조와 바이런에게 피난처를 제공했고, 나폴레옹과 처칠 을 거리로 맞아들였다. 지금도 덜 걸출한 사람들 ― 담요 속에 안전하게 감싸인 아래층의 보잘것 없는 시베라스 부부 같은 ― 을 보호하고 있다.

도시는 곧, 허식 없이 소박하게 잠에서 깨어날 것이다. 빵 굽는 사람은 구운 빵을 트럭에 실을 것이다. 한줌의 신도들은 아침 예배를 위해 가장 가까운 교회로 발걸음을 옮길 것이다. 머천트가 에서는 일머리를 모르는 시장 상인들이 서로 엉기며 장사 준비를 할 것이다. 크리스천은 다시 사 무실로 가 5시까지 있을 것이다. 삶은 또다시 수많은 색과 소리로 이름 없는 기적을 펼쳐 놓을 것 이다. 그리고 그녀는, 창가에서, 그 모든 것들의 증인이 되어, 그 비밀을 이해하고 그것의 일부가 되기 위해 노력할 것이다. 주디스는, 창가에서, 삶이 시작되기를 기다린다」

―카트리나 스토라세, 「창가에서」 발췌, 『유럽 소설에 빠지다 1』, 민음사

떠나와 계절이 바뀌었다. 민소매 셔츠를 하나 사면서 나는 이곳에 '산다'는 느낌이 들었 다. 옷을 사는 것은 CD를 사거나 음료수를 사는 것과는 다르다. '필요'하여 옷을 사고 그러 면 진정한 생활인쯤 되는 것도 같고, 옷에는 냄새가 배고, 거리를 걸으면 나도 이 나라의 옷

을 입고 있어요, 시민증이라도 받은 것 같고 그런 것이다. 몇 년 전 밤에 '관광' 을 한다는 것과 '여행' 을 한다는 것과 '산다' 는 것에 대해 밤새 떠들었던 기억이 난다. 우리는 결국 '취했다' 는 결론에 도달했던 밤.

몰타에 내린 지 한 달이 조금 넘었다. 아홉시가 넘어도 맥주를 살 수 있는 햄버거 가게, 세 시간쯤 거뜬히 잠들어도 아무도 방해하지 않는 방파제 뒤로 숨어 있는 벤치, 3유로를 내면 6유로 어치의 바나나를 주는 과일 트럭, 물을 싸게 파는 슈퍼, 손님보다 주인의 친구가 많은 동네 작은 바 정도를 익혔다. 몰타는 작은 나라다. 서울의 반도 안 되는 작은 '나라', 수도가 서울의 한 '동洞' 만 한 채로 오천 년을 품은 나라. 새 건물은 옛 건물을 피해 세워지기 때문에 골목은 자꾸 꼬불꼬불해져서 쉽게 길을 잃고 그러나 긴장할 필요 없이 쉽게 길을 찾는다. 길을 잃으면 바다를 찾으면 된다. 멀리 보이는 수평선을 향해 가기만 하면 어떻게든 돌아 우리 집까지 올 것이다. 어차피 걸어서 돌아오지 못할 만큼 멀리 걸어갈 리는 없으니까. 아니, 스쿠터를 타고 나갔을 때도 마찬가지였다. 해안가를 따라 본토를 다 도는 데 걸린 시간은 네 시간, 다시 작정하고 섬을 가로질러도 비슷했다. 사람들은 내가 몰타에서 벌써 한 달이나 '여행' 을 했다는 사실에 놀랐다가 적어도 그만큼은 더 있을 계획이라는 말에는 의심한다. 여행 한다는 것을 믿지 않는다. 이 작은 나라에서 대체 무엇을 하려고 그렇게 오래 있지. 그러나 나는 바다에만 앉아 있어도 하루가 간다. 섬을 보며 광합성을 하다보면 나는 일 센티미터쯤 자라는 것 같고 내일이면 일 센티미터쯤 욕심이 나 하루를 더 나간다. 그게 벌써 한 달이다.

사람들은 놀라거나 놀린다.

　"오늘은 어디를 갈 거니?"

　"오늘은 좀 멀리 산책을 가보려고."

　"이런, 몰타를 떠나려는 거야?"

　'좀 먼 곳'은 없는 나라. 하지만 사람들이 놀라는 건 비단 몰타가 작은 나라이기 때문만은 아닐 것이다. 생각해보면 어디에서든 그런 소리를 곧잘 들었던 것 같다. 비엔나에서도 고작 이주일을 묵었을 뿐인데 사람들은 놀랐다. 비엔나에서 이주일이나 무엇을 한단 말이야? 사람들은 어떤 시간으로 묵고 살아가는지 가만히 생각한다. 나는 서울에서 이십 몇 년을 살았다.

　몰타는 빛바랜 도화지 같은 '마을'이다. 마포구의 열세 배쯤 되는 '커다란 마을'이다, 커다란 캔버스. 석회암으로 짠 도화지에 울긋불긋한 꽃을 그린다, 선인장을 그리고, 가는 모래를 뿌려 상아빛을 잃지 않도록 다시 바탕을 깔아준다, 아주 커다란 그림, 늙고 젊은, 여자거나 남자가 여럿이 모여 각자 공간을 차지하고서 엎드려 누워 그림을 그리다가 골몰하면 습관적으로 발끝을 툭툭 차올린다. 지중해가 찰랑거린다. 굵거나 가는 붓으로 거칠거나 부드러운 색을 발라 점을 찍으면 씨앗이 싹을 틔워 점점 높게 자라서 라푼젤이라도 불러냈다고 핀란드 어디쯤 할머니가 손녀를 무릎에 앉혀놓고 들려주는 이야기같이 잔다랗고 담담한 마을.

할머니는 손녀에게 이국의 언어도 하나 가르쳐주고 싶다. 몰타에는 몰타의 말이 있는데 말이야. 마법의 주문 같은 발음을 해보이고 싶지만 할머니는 그만 떠오르는 말도 없고 몰타의 말을 할 줄도 모르고 대충 떠오르는 단어를 아무거나 하나씩 들려주다보면 당신의 고향에서만 쓰는 방언도 섞이고, 몰타의 언어가 된다. 아침에는 봉주르, 프랑스어로 인사하다가 가볍게 메르하바, 터키어로 인사하고 캠, 아랍어로 얼마예요? 물으면 와헤드, 이뜨닌 아랍어로 값을 세어주고 그라찌에, 이탈리아어로 고마워하는 언어. 몰타의 사람들은 아랍어와 프랑스어와 이탈리아어와 히브리어와 에티오피아어로 만든 몰타어를 쓴다. 어느 곳에서든 몰려와 몰타의 사람이 된다. 그들의 언어 사이에 나도 하나쯤 내 고향의 말을 넣어보고 싶다. 몰타의 사람이라면 어쩐지 내 고향의 발음도 하나 넣어 몰타어로 만들어줄 것 같다.

"오늘도 낭비하러 가니?"
"응. 날씨가 좋네."
"그러게. 낭비하기 좋은 날씨야."

소란한 　친절

창문의 사진을 모으기 시작한 건 상하이에서부터였다. 창에 바지랑대를 달아 길거리에서도 훤히 다 보이도록 널어놓은 팬티 때문이었다. 견고한 삶. 팬티 따위 숨길 필요가 있겠느냐고, 부끄러움보다 빛이 중요하다고 당당하게 어깨를 걸어 있는 팬티 덕분이었다. 나의 치부도 저렇게 어깨를 걸어놓으면 그건 하나도 수치스럽지 않게 바짝 마를 수 있었으면. 비밀이 나를 상처 입히는 것이다. 스웨터 밑에 삐죽 나온 티셔츠의 남루가 아니라 남루를 숨기려고 꾸역꾸역 스웨터를 밑으로 끌어당기는 손길이 나를 상처 입혀왔다. 나는 그만 내 팬티도 커다란 창밖에 널어놓고 싶어진다. 부끄러운 줄도 모르고 널린 팬티가 바짝 말라서는 입으면 약간 빛도 묻어 있을 것이고 벌써 엉덩이가 따뜻해진다. 가장 은밀한 빨래를 내어놓는 사람들.

상하이는 연신 화를 낸다. 길을 물어봐도 화를 내고 물건을 사도 화를 낸다. 나는 물 한 잔을 얻어 마시려다가 겁을 먹기까지 했다. 왜 내게 화를 내지? 아직 '물'이 중국어로 무엇인지 몰라서 물 수水자를 손가락으로 적어 보여줘야 했던 때였기에 내가 답답해서 화를 내는 건가 생각하기도 하면서 움츠러들었다, 한 몇 시간 정도. 그래도 나는 소란한 언어가 좋다. 소란스럽게 말하는 사람들의 나라가 좋다. 짜장면과 짬뽕 중에 하나를 골라야 하고 엄마가 좋냐 아빠가 좋냐 자꾸 물어보면, 살기엔 고독한 나라가 좋고 여행하기엔 소란한 나라가 좋다. 예의 바르지 않은 사람들이 좋고 타인에게 피해를 주는 사람들이 좋고 능숙한 사람보다 어눌한 사람이 좋고 어눌하여서 감수할 불편이 좋다. 언젠가 뉴스에서 외국 사람들이 우리나라에 방문하면 어깨를 부딪쳐도 사과하지 않는 문화 때문에 기분이 상할 때가 있으니 주의하여야 한다, 는 요지의 글을 읽고 새치름해진 적이 있다. 우리는 어깨를 부딪쳐도 사과하지 않지만 어깨가 부딪쳐도 사과를 기대하지 않는다. 어깨 정도는 팡팡 부딪치면서 다니는 것이다. 어깨 정도 가볍게 내주는 친절에, 만세. 나는 이런 소란이 흥겹다. 그러니까 토르티야 사이에 어떤 오일을 뿌려야 할지 망설이는 사이에 몇 번 병을 번갈아들며 이름을 말해주다가 내가 영 못 알아들으니까 급기야 저가 먼저 오일을 골라 뿌려버리곤 엄지손가락을 치켜 올리는 단호한 친절 같은 것, 좋다.

기차를 타고 찌아싱 역에 도착할 즈음 한 아주머니가, 물론 중국어로 말을 걸어왔다. 겨우 배운 말이라고는 '나는 한국 사람입니다. 나는 중국어를 못합니다' 정도였는데 이게 문제였다. 중국어를 못한다고 중국어로 말해버리니 아주머니는 숫제 망설이는 기색도 없이 뭐라뭐라 이야기를 하는데 나는 도무지 웃을 수밖에. '시탕', 시탕에 '간다'고는 말하지도 못하고 있는데 이젠 고개를 흔들며 혀까지 찬다. 기차는 역에 도착했고 나는 놓칠세라 서둘러 내리는데 아주머니가 나를 잡아끄는 것이다. 걱정이랄 게 없던 것도 아니었지만 나는 아주머니에게 잡힌 팔을 힘들여 빼지는 않았다. 나는 어린 시절에 저런 표정을 본 적이 있다. 내가 처음 칼질을 할 때 옆에서 나를 지켜보던 엄마의 표정, 이 정도면 믿을 만하다.

역을 나서자 택시 기사들이 우르르 다가와서는 일단 짐에 손부터 밀어넣는다, 시탕, 시탕. 아주머니는 택시 기사들에게 뭐라고 말을 하고 택시 기사는 고개를 저어 가며 내 가방을 들려고 한다. 아주머니는 이제 나뿐만 아니라 내 가방까지 사수하면서 택시 기사들을 몰아낸다. 부군이 택시를 하시나. 미리 얻은 정보보다 비싸면 내빼야지, 일단은 맡겨보자 하고 아주머니를 종종걸음으로 따라 걸었다. 아주머니는 급기야 택시 기사들에게 화까지 내어 가면서 나를 끌고 가더니 학생인 듯 보이는 여자 둘이 선 곳에 이르러 내 가방을 내려놓았다. 그러더니 글쎄, 여학생들과 짧은 이야기를 주고받으면서 나를 보이곤 그냥 가버리는 게 아닌가. 부군이 택시를 딸에게 물려주었나, 이게 무슨 상황인가. 나중에서야 영어를 공부한다는 대학생에게 듣고 알게 되었다. 아주머니는 이 지역 출신인데 기차역 앞에서 시탕까지 바가지요금을 씌우는 택시 기사가 많아 나를 버스 정류장에 데려다주고는 시탕까지 가는 대학생들에게 나를 부탁했다는 것이었다.

그녀들은 큼지막하게 높아졌다 낮아지는 중국인 특유의 영어로 나에게 일일이 설명해주

며 숙박업소를 골라주고 흥정도 대신 해주고 밥까지 사 먹여주고서야 자신들의 방으로 돌아
갔다. 밤에는 미리 알아놓은 행사에까지 나를 불러주고 가라오케에 데려가서는 우리나라 가
수 안재욱이 리메이크 한 주화건周華健의 〈친구朋友〉를 나는 한국어로 그들은 중국어로 나눠
부르고서야 헤어졌다. 이튿날 이른 아침부터 어디를 갈 것이냐고 묻고 어디는 어떻게 가면
된다고 들었다면서 좋은 곳은 다 보여주겠다는 심산이기에 나는 혼자 여행을 해도 괜찮다는

뜻을 넌지시 건네자 매일 저녁, 내가 잘 있는지를 체크하고서야 자기들 방으로 돌아가는 게 아닌가. 어떤 음식은 얼마를 주어야 하고 어떤 기념품은 얼마 정도에 사는 것이 좋다고 일일이 적어주기까지.

나흘째 되는 날에는 어렵사리 손발을 다 써가며 빨래를 하려면 어떻게 해야 하냐고 묻다가 포기, 민박집 마당에서 손빨래를 하고 있으려니까 주인아주머니가 내 옷가지를 죄 담아가더니 당신들 빨래와 함께 세탁해주었다. 두어 시간 지난 뒤에 방에 돌아오니 창밖으로 내 속옷이 적당한 바람에 흔들리고 있었다. 나는 부끄럽지도 않고 새침하지도 않게 일층으로 내려가 아주머니를 안았다. 쉐쉐, 쉐쉐, 노골적으로 걸린 나의 치부를 손가락으로 가리키며.

나는 이런 친절 몇 가지를 기억한다.

런던이었다. 비를 맞는 일이 제법 익숙해졌을 때쯤, 우산을 들고 다니지 않아도 될 정도로 비에 대해서만큼은 런더너가 되었다고 자부하던 날, 소나기가 내렸다. 어쩔 수 없이 비를 맞으며 걸어가고 있는데 한 할머니가 우산을 씌워주며 붙어 걸으시는 게 아닌가. 내가 영어를 못한다고 생각했는지 처음에는 아무런 말도 걸지 않고 덤덤히 우산을 들고는 나의 걸음에 맞춰주었다. 나는 할머니를 보며 머쓱하게 웃다가 우산을 타고 또르르 구르는 빗물이 할머니의 코트를 적시는 것을 알았다.

"정말 고마워요. 그러나 저는 괜찮아요. 할머니가 젖어가고 있는걸요."

할머니는 우산을 내게 약간 더 밀어주며 웃었다.

"아가씨도 반만 젖고 나도 반만 젖잖아요."

슬픔은 나누면 반이 된다는 말의 화신처럼 할머니의 우산이 나를 말려준 날이 있었다.

여러 번 길을 잃는 날도 있었다. 우리 집은 체스트너트 골목에 있었다. 문제는 체스트너트 골목이 어디에 있는가 하는 것이었지만. 기찻길 건널목 앞에서 느릿느릿 걷는 할아버지에게 길을 물어보았다. 할아버지는 당신의 걸음보다 찬찬히 설명해주었는데 이건 속도의 문제가 아니었기 때문에 나는 최대한 알아들은 척, 그러나 물음표를 숨기지 않은 표정으로 말똥말똥 할아버지를 쳐다보았다. 내가 마지막으로 확실하게 알아들은 말은 '팔로우 미'였다. 할아버지는 다리가 불편했고 우리는 최대한 찬찬히 걸으면서 찬찬히 대화를 나눴다. 많은 것을 알아듣지는 못했다. 나는 체스트너트 거리와 교차하는 골목에 들어서서야 겨우 집을 기억해냈고 저기가 우리 집이라고 하자 할아버지는 돌아섰다. 나는 찬찬히 대화를 나누면서 할아버지의 집도 우리 집 근처라는 이야기로 알아들었는데 글쎄 한참을 걸어도 할아버지는 아직도 걷는 게 아닌가. 나는 다시 뛰어가 할아버지의 옆에 섰다. 당신의 집이 여기가 아닌가요, 나는 당신이 여기에 사는 줄 알았어요, 미안해요, 떠듬떠듬, 함께 걸었다. 나는 우리가 처음 만난 기찻길 건널목까지 함께 걸었다.

나는 분명히 소란스러운 언어가 좋다. 그러나 이것은 분명히 짬뽕과 짜장면의 문제이며 엄마와 아빠의 문제이다.

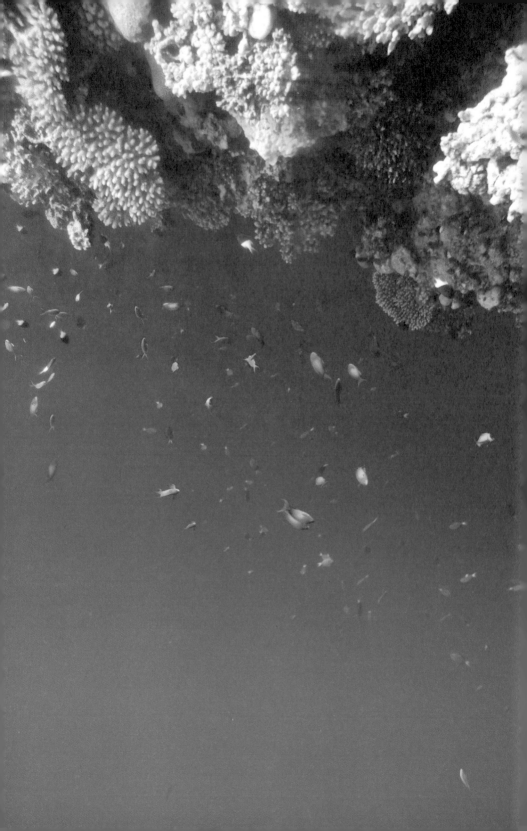

낭비하기 좋은 날씨

    어젠 소포를 받았다. '소포를 받았다'는 문장은 어쩐지 정확하지 않은 것 같다. '소포를 받았다'는 문장은 마땅히 내가 받을 소포를 싣고 온 집배원이 문을 두드리면 나는 사인을 한 뒤 상자를 받아들고, 적어야 할 것 같다. 하지만 몰타에선 '무언가를 싣고' 있는 집배원을 볼 수가 없다. 그들은 편지만 전한다. 소포는 우체국에 가서 찾아와야 한다. 그들은 소포가 왔다는 소식만 전해줄 뿐이다. 그러면 나는 소포가 왔다는 안내문과 신분증을 들고 우체국에 가서 소포를 받아와야 한다. 더구나 해외에서 온 소포는 중앙우체국에서만 받을 수 있다. 전 국민이 단 한군데에서만 소포를 찾아야 하는 것이다. 버스정류장까지 걸어가서 배차 간격이 긴 버스를 기다리고 버스를 타고서도 몇 십 분을 달려 우체국에 도착했다. 한 시간이 넘게 걸렸는데도 어쩐지 몰타에서는 어디를 가면 다 가까운 것 같다. 산책을 하다보면 서너 시간을 훌쩍 넘겨도 괜찮다. 멀리는 오지 않은 것처럼 느낀다. 나를 걷게 하고 두 시간이나 버스 안에 있어도 괜찮게 하는 것이 무엇인지. 당연히 집까지 와야 할 것이라고 생각한 소포를 받기 위해 왕복 두세 시간을 왔다 갔다 하는 건 결코 짧은 거리가 아닐 텐데, 나는 뿌듯해진다. 내가 길 위에 쏟는 시간들에 배가 다 부르다.

    언젠가부터 산책을 나가는 길에 주인아저씨가 오늘은 어디를 가느냐고 물으면 '사실은 나의 시간과 돈을 낭비하러 가는 길이야' 하고 대답하기 시작했다. 이젠 내가 대답하지 않아도 먼저 묻는다, 찡긋.

    "오늘도 낭비하러 가니?"

    "응. 날씨가 좋네."

    "그러게. 낭비하기 좋은 날씨야."

당신을 기다리는 사랑

당신은 삼 년 전 이맘때쯤 이 마을에 처음 들어왔어요. 막 봄이 시작되는 때라 버스에서 내리자마자 사막에서 불어온 황사로 앞이 잘 보이지 않을 정도였죠. 이곳의 봄이라는 게 그렇잖아요. 꽃 대신 바람이 피죠. 산등성이만한 몸뚱이를 배배 꼬면서 커다랗게 소용돌이치는 바람 속에서 내린 탓이었을까요. 당신은 처음 내린 참이었지만 도무지 낯설지는 않았다고요. 버스정류장이며 매점에 죄 누런 안개가 끼어 있었죠. 당신은 버스에서 짐을 꺼내고는 일부러 사람들 뒤로 비켜서서는 가만히 사람들을 바라보았어요. 작은 짐을 꺼내는 사람과 큰 짐을 꺼내는 사람을 골라내고 있었던 거죠. 당신은 작은 짐을 꺼내는 사람은 이 마을 사람일지도 모른다고 생각했어요. 버스에는 사람이 많지 않았어요. 당신까지 해봐야 열두어 명이나 될까 했으니까 짐을 꺼내는 것도 금방이었죠. 그때 당신은 그를 발견한 거예요. 그는 버스 트렁크에서 작은 배낭 하나를 꺼내 둘러메고 막 담배에 불을 붙이는 참이었어요. 바람이 그렇게나 부는데도 손으로 바람을 가리고 능숙하게 불을 붙이더라고요. 당신은 아직 몇 번을 시도하다가도 포기할 바람이었다고요. 당신은 휴게소에서 그를 본 적이 있는지 생각해봤지만 기억나지 않았어요. 당신은 휴게소에서도 약간 멀찍이 떨어져 사람들을 구경하기도 했는데 말이에요. 그는 마치 그 순간 갑자기 태어난 것처럼 당신 앞에 나타났다고, 당신은 나중에 그에게 고백했죠. 당신은 말이 별로 많은 사람은 아니었어요. 하지만 그를 처음 만났던 순간만큼은 몇 번이나 이야기하곤 했다고요.

그는 당신이 묵을 호텔에서 일을 하고 있었어요. 윈드서핑이라든지 워터스키 같은 해양 스포츠를 제공하는 센터를 맡고 있었죠. 당신은 그런 것을 별로 좋아하지 않아요. 그런 것을 좋아하지 않는 당신 스스로를 좋아하지 않으면서도 영 시도를 해볼 엄두가 나지 않죠. 차라리 선베드 위에서 시간을 보내길 좋아해요. 바닥에 배를 대고 누워 있으면 햇빛이 등줄기를 따라 흘러가요. 그렇게 누워서 시간을 보내노라면 햇빛의 속도와 이동이 느껴지죠. 당신은 등에 시간을 담는 기분이 들어 그렇게 누워 있는 걸 참 좋아해요. 슬며시 바람이 불죠. 당신은 바다에 안겨 있는 것도 좋아해요. 팔을 휘저어도 앞으로는 나아가지 않을 정도로 몸을 띄워놓죠. 부유하는 걸 좋아하죠, 당신은, 먼지도, 당신도. 눈을 감으면 바람이 새긴 파도가 얇게 일렁거리고 가볍게 맥주 한 잔을 마시고 싶은 온도예요. 물기를 채 닦지도 않고 방금 바 bar 에서 사온 차가운 맥주를 따요. 그는 당신에게 오늘 세번째 인사를 하죠.

처음에는 '오늘'부터 시작했어요. 오늘은 날씨가 좋지요? 네, 그러네요. 나는 바람이 조금 더 세게 불었으면 좋겠어요, 그래야 서핑을 하기가 좋거든요. 그는 당신에게 이런저런 이야기를 들려주었죠. 당신은 점점 대답이 줄어요. 대답을 하지 않아도 될 정도의 관계가 된 거예요. 당신은 말하지 않음으로써 관계를 표현할 수 있다고 생각해요. 무언가를 대답해야 할 것 같은 의무감이 조금씩 옅어지면 그때부터 관계가 시작되는 거라고요.

그는 조금씩 '과거'를 이야기하기 시작했죠. 어제 저녁에 여기에서 파티를 열었어요. 알고 있었나요? 그가 물었어요. 당신은 사람이 많이 붐비는 곳을 좋아하지 않는다고 대답했어요. 당신은 그에게 부정형의 문장을 말하는 것에도 안심이 돼요. 그는 오늘 밤에도 파티를 열 거라고 했어요. 사람이 많더라도 즐거울 거라며 당신을 초대했죠. 당신은 잠시 망설이다가 이내 나가기로 했어요. 그는 말이 많았지만 허투루 말하는 법은 없었죠.

보름달이었어요. 당신은 보름달에 관한 낭설을 믿지 않았지만 그건 어쩌면 보름달 때문이었을 거예요. 바닷가에 불을 피워놓고 사람들은 달을 향해 수영을 하기도 했어요. 한데 모여 춤을 추기도 했죠. 보름달이 풍기는 빛과 모닥불 사이에서 사람들은 묘하게 이지러졌어요. 당신은 사람들 너머 섬을 보고 있었어요. 보름달로도 밝히지 못한 어둠 속에서 섬이 떠올랐다가 가라앉았어요. 당신은 몸을 앞으로 기울여 섬을 다시 보았죠. 섬이 어둠에 잠긴 바다 사이에서 슬며시 거죽을 드러내는 사이 그가 조용히 옆에 와 앉았어요. 맥주를 한 캔 건넸죠. 당신은 여전히 바다를 응시한 채로 맥주를 받아 몇 모금 마시고는 그를 향해 고개를 돌렸어요. 그러자 이제는 그가 당신을 향했던 고개를 돌려 바다를 응시했죠. 우리에게는, 그런 순간이 오는 법이죠. 당신은 이 마을에 오래 머무르게 될 거라고 생각했어요. 그는 천천히 어제보다 먼 시간을 이야기하죠. 작년에 머물렀던 파도 이야기, 그를 이곳에 부른 친구가 옮겨간 바다 너머의 대륙 이야기, 그런데도 왜 자신은 이 바다에 빠져 집에 돌아가지 않는지 모르겠다는 이야기, 당신은 어쩌면 알 것도 같죠.

이제 그는 당신과 함께 출근을 해요. 그는 해안에 있는 사무실로 들어가고 당신은 사무실 앞에 놓인 파라솔 아래 누워요. 그는 일을 하다가 짬이 날 때마다 당신 옆에 와 앉아서는 많은 이야기를 들려줘요. 방금 전에 다녀간 손님 이야기, 그 손님이 잡아온 물고기 이야기, 동네에 돌아다니는 소문, 어제 그의 사장이 먹은 중국 음식 이야기까지 들려주죠. 그러다가 배를 타고 멀리 나가는 손님이 있으면 그는 당신을 꼭 불러요. 특히 낚시를 하러 가는 손님이 있을 때는 당신이 간혹 집에 있더라도 당신에게 전화를 걸어서까지 불러내요. 하루에 두어 번 근처에 있는 섬에 다녀오기도 해요. 그는 섬에 내려서 손님에게는 낚시가 잘 되는 곳을 가르쳐주고 당신에게는 산호가 적은 곳을 가르쳐줘요. 바다에 익숙하지 않은 당신은 수영할 때마다 산호에 긁혀 피가 나곤 했으니까요. 출근은 함께하지만 함께 돌아가지는 않아요. 당신은 오후 세시쯤 되면 먼저 집으로 돌아가죠. 여섯시쯤 퇴근하는 그의 저녁을 준비하고 청소를 해두려고요. 첫날 당신은 그가 바쁜 틈에 그냥 먼저 집으로 돌아가버렸다고요. 말도 없이 당신이 없어졌는데도 그는 놀라지 않았어요. 아직 한 번도 그의 집에서 함께 저녁을 먹은 일은 없었지만 어쩐지 그는 당신이 저녁을 준비하러 갔을 줄 알았대요. 그래서 당신이 사라진 첫날에도 그는 저녁을 먼저 떠올렸다고요. 그가 집에 돌아오면 당신은 그를 욕조에 앉혀놓고 먼저 발부터 깨끗이 씻어줘요. 그는 수다스럽게 고백했어요. 태어나서 그의 발을 씻어준 사람은 당신이 처음이었다고요. 그는 자신의 발이 믿기지가 않아서 당신을 옆에 두고 잠에 들어서도 몇 번쯤 다리를 오므려 발바닥을 가만히 짚어보기도 했다고요.

때로 당신과 그는 말을 타고 해안을 따라 산책도 했어요. 그가 말을 빌려왔을 때 당신은 해안가를 따라 지어진 식당에서 그를 기다리고 있었죠. 그와 친구들이 자주 모이는 식당이에요. 나는 그 식당에서 그를 만났어요. 당신은 바다와 맞닿은 식당 바닥에 앉아 바닷물에 발

을 담갔다가 뺐다가 다리를 앞뒤로 경쾌하게 흔들며 노래를 부르고 있었죠. 당신의 고향에서 부르던 노래였어요. 그는 물어보지 않았지만 그건 행복에 관한 노래일 것 같았다고요. 당신은 등 뒤로 두 팔을 뻗고 가슴을 활짝 열었죠. 빛이 따뜻하게 발끝부터 턱밑까지 올라오고 당신은 눈을 감고 있다가 종아리에 바닷물이 튀어서 눈을 떴어요. 수심이 얕은 해안을 따라 하얀 말이 그를 태우고 첨벙첨벙 걸어왔어요. 당신이 혼자서도 말에 오를 수 있을 때쯤 당신은 고향에 다녀오겠다고 했어요. 당신이 돌아갈 비행기를 미루고 있었다는 건 그도 알고 있었지만 표가 그때까지 유효할 줄은 몰랐더라고요. 그도 이참에 고향을 좀 다녀와야겠다고 대답했어요. 그가 돌아오던 길에는 버스가 한창 붐비고 있었고 이번에는 그가 휴게소에서 사람들을 하나하나 구경했지만 당신은 없었다고요. 그는 저녁을 떠올렸고 약간 배가 고팠죠.

처음에는 당신이 돌아오지 않아서 한동안 일을 할 수도 없었대요. 당신은 가기 전 당신이 썼던 자리를 말끔히 치우고 갔어요. 당신의 화장품이 놓였던 자리에는 그의 화장품을 틈을 벌려 채워놓았고 당신의 옷가지를 두었던 자리에는 그의 가방을 올려두었다고요. 워낙 짐이

없었던 터라 그것들을 다 챙겨가도 그는 처음에 눈치채지 못했대요. 당신은 마치 없었던 것도 같이 떠났고 그는 당신을 원망하기도 했다고요. 아름다운 선물을 주더니 그걸 죄다 가져가버렸다고. 그건 처음부터 선물이 없었던 것보다 아픈 일이라고 생각했죠. 잠도 제대로 잘 수 없어서 뒤척거렸대요. 몸을 움직이면 당신의 팔이 닿을 것도 같은데 침대를 뒤척여도 손끝이 비어서 당신이 베던 베개를 베었다가 던져버렸다가 다시 주워오기도 했다고요. 그러다가 침대 틈에 떨어졌던 당신의 머리끈을 찾았대요.

가끔 그의 친구들이 모일 때면 친구들은 그를 놀리거나 어르곤 했어요. 그는 벌써 이곳에 들어온 지 십팔 년쯤 되었고 그새 세 번쯤 결혼을 했고 다섯 명쯤 떠났고 그러나 당신은 아직 떠나지 않았다고요. 그는 십팔 년 전 이곳에서 일을 하던 고향 친구를 만나러 왔다죠. 그다음은 말하지 않아도 알겠죠. 그의 친구는 고향으로 돌아가고 그는 아직 남아 있어요. 저는 그에게 어쩌면 다음에 고향에서 친구가 온다면 이번에는 그가 고향으로 돌아가고 그의 친구가 남을지도 모르겠다고 농담을 했는데 그는 웃지 않았어요. 그때는 단지 그가 농담을 잘 모르

는 사람인가보다 지나쳤죠. 그의 친구들은 그를 멍청하다고 했어요. 당신은 단지 여행객일 뿐이라고 했죠. 그의 친구들도 그들의 여자를 몇 번 만나곤 했어요. 여자들은 유럽에서 오거나 미국에서도 왔고 아시아에서도 왔죠. 신화만 남은 가난의 땅에서 그들을 구원해줄 여자를 기다려본 적이 다들 한 번쯤 있었어요. 그의 친구 하나는 돈이 많은 영국 여자와 얼굴이 예쁜 러시아 여자 사이에서 고민하며 러시아의 가난을 제게 토로했죠. 그는 앉은 채로 팔을 뻗어 가만히 발가락을 만지작거렸어요. 그녀는 나쁜 여자야, 그는 친구들의 놀림에도 별 말을 하지 않았어요. 그에게 당신 이야기를 들은 건 며칠 후였어요. 돈이 많은 영국 여자와 얼굴이 예쁜 러시아 여자 사이에서 고민하던 그의 말 많은 친구가 네덜란드에서 온 늙은 여자를 태우고 카이로로 여행을 가서 레스토랑은 오랜만에 한적했죠. 바다가 고요에 잠기고 나는 그가 바다에서 걸어오는 것을 보았어요. 빈 배를 끌면서 걸어오고 있었죠. 가끔씩 뒤를 돌아 배가 잘 따라오는지 확인하기도 했어요. 그는 고집스러운 등을 지녔더군요. 해안에 닿았을 때 내가 그를 불렀어요. 그리고 그는 천천히 이야기를 시작했던 거예요.

"나는 바보가 아니에요. 그녀가 돌아오지 않을 수도 있다는 건 알고 있어요. 하지만 이제 그건 정말 상관없어요. 돌아오면 좋겠지만 돌아오지 못한다고 하더라도 분명히 내 인생에 있었던 사랑이에요. 그녀는 제게 커다란 선물이었어요. 저는 태어나서 한 번도 가져본 적 없는 선물을 받은 거예요. 그런데 그 선물이 영원하지 않다고 해서 선물을 준 사람을 원망할 수는 없는 거잖아요. 나는 쿨한 사람도 아니고 우리가 덜 사랑해서도 아니에요.

어떤 사랑은, 왔다 가기만 해도 고마운 거예요.

그런 사랑도 있는 거예요."

언니의 　취향

　어린 시절 친척 집에 살았던 적이 있다. 서로가 견뎌야 했던 시간이었다. 오빠는 여섯 살이 많았고 오빠였다. 오빠와는 자주 다퉜다. 그래도 간간이 오빠는, 오빠였다. 언니와는 조금 더 가까웠다. 언니는 착한 사람이었고 언니는, 그래서 언니였다.

　나는 열네 살까지 파란색을 좋아했다. 언니가 좋아한 색이었다. 정확하게 말하자면 '색'이라는 건 좋아하고 말고의 문제라고도 생각하지 못했던 시절이었다. 새우깡을 좋아할 수는 있다. 국어 선생님을 좋아할 수는 있다. 비틀스를 좋아할 수는 있다. 하물며 잘 생기기만 하고 말 한 번 나눠본 적 없는 선배를 좋아할 수도 있다. 그러나 '색'을 좋아할 수는 없는 거라고, '색'을 좋아한다는 게 도무지 와 닿지 않던 시절이었다. 하지만 언니는 세상의 언니들이 그럴 것처럼 언니의 좋아하는 색이 있었다. 아무리 '언니'라지만 하물며 '가장 좋아하는 색깔'에 대한 답마저 가지고 있었던 것이다! 나는 간간이 언니의 색을 빌렸다. 노트 한 권을 예쁘게 꾸며 앙케트를 돌리는 게 유행하던 시절이었다. 앙케트에는 별 걸 다 적어야 했다. 가장 좋아하는 음식, 가장 좋아하는 친구, 가장 좋아하는 장소, 가장 좋아하는 색깔, 색깔이 되면 조금 당황했다. 만져지지도 않고 먹을 수도 없는데 심지어 그 자체로는 존재조차 하지 않는 것 같은데 '색'을 좋아할 수 있다니, 그것도 가장. 언니의 색을 빌릴 수밖에 없었다. 언니의 앙케트에서 보았던 색이었던 것 같다, 파랑. 언니의 파랑은 앙케트 바깥에서 취향으로 존재하지는 않았다. 내가 기억하는 한 언니가 파랑을 선택한 것은 티셔츠 한 장 뿐이었다. 언니는 파랑, 오빠는 검정, 나는 하양, 우리는 세트로 티셔츠를 산 적이 있다. 그러나 언니에게는 파랑색 티셔츠가 한 장 뿐이었으므로 파랑이 언니의 취향이었는지는 모르겠다. 그 뒤로 우리는 좋아하는 색깔에 대해 이야기를 나눠본 적이 없다. 언니도 어쩌면 파랑을 누군가의 앙케트에서 잠시 빌려왔을는지도 모른다. 지금 와 말하자면 언니에게 파란색은 참 잘 어울렸다.

언니는 파랑이었다. 아무래도 보이지 않는데도 하늘, 같은 것을 그려넣을 때 써야 하는 색깔, 같은 사람, 아무래도 비치기만 하는 바다, 같은 것을 그려넣을 때 써야 하는 색깔, 같은 사람, 있지도 없지도 않으면서 이름을 가졌다, 나의 언니는.

나는 그 뒤로도 언니의 취향을 몇 번 빌리거나 훔쳤다. 언니가 도서관에서 빌려온 책을 읽었고 언니가 좋아하는 만화를 함께 보았고 언니가 부르는 노래를 불렀고 가끔은 언니의 양말을 신거나 언니의 옷을 입었다, 잘 맞지는 않았다. 언니는 나보다 말랐고 약간 투명했다. 언니의 옷을 입으면 나는 내가 적나라하게 비치는 느낌이 들었으므로 간혹 수치스러웠다. 그래도 입지 않는 수가 없었다. '언니'였다. 하물며 가장 좋아하는 색깔에 대한 답마저 가지고 있던. 언니는 중학교 3학년이었고 나는 6학년이었다. 그날 나는 언니의 책을 훔쳐 나와 놀이터에 있었다. 해가 떨어지자 오소소 소름이 돋는 정도의 계절이었다. 『젊은 베르테르의 슬픔』을 아무리 읽어도 젊은 베르테르보다 젊은 나는 도무지 슬퍼지지 않는 가을 저녁이었다. 혹은 봄이었을 수도 있다. 언니는 내가 베르테르를 훔쳐갔다는 것을 알지 못했거나 이미 다 읽어서 관심이 없어졌거나 하여 한 번도 내게 베르테르를 묻지 않았다. 그리고 언니는 『달과 6펜스』를 읽기 시작했다. 언니가 『달과 6펜스』를 읽지 않았더라면 나는, 조금 덜 외로웠을 수도 있지 않았을까. 나는 도무지 찰스가 되지는 못하고 런던에 남아 찰스, 찰스, 원망하며 보내주고 있었다. 타히티 섬 같은 곳은 근처에도 가보지 못했다. 다만 런던에서 파랑 같은 언니를 질투했다. 언니, 언니들, 언니, 같은 언니, 아무리 베르테르를 읽어도 도무지 슬퍼지지 않고 언니는 여전히 언니였다. 나는 그해 언니가 읽던 『데카메론』을 훔쳐 읽고 자위를 했다.

오빠는 음악을 들었다. 보이지 않고 먹을 수도 없기는 마찬가지였다. 오빠 방의 문을 열면 항상 눅눅한 냄새가 났다. 오빠는 밤이 늦어도 잠들지 않았고 그래서 방은 항상 공간보다 좁았다. 나는 몰래 들어간 오빠의 방에서 선홍색을 꺼냈다. 땅이 오소소 흔들리기까지 했지만

나 말고는 아무도 충격을 받지는 않았을 것이다, 나 말고는 아는 이도 없었을 테니까. '엔야 Enya'가 비밀스럽게 오빠의 CD에서 테이프로 옮겨지고 있었다. 언니나 오빠의 영어 회화 테이프였다. 나는 아남ANAM 전축 앞에 쪼그리고 앉아 엔야를 들었다. 교회에서는 한창 뉴에이지 음악을 들어선 안 된다고 설교를 하던 무렵이었다. 엔야가 무거워졌고 나는 함께 가라앉았다. 비밀이라는 추를 달고 빠르게 심연으로 내려가고 있었다. 그 느낌이 좋았다. 엄마가 남겨준 마이마이 카세트에 테이프를 꽂고 이어폰을 끼면 양쪽 귀에서 선홍색이 사르르 밀려와 소리가 머리 한가운데로 모였다. 소리들이 호수를 채우고 나는 침잠하는 나를 가만히 바라보았다. 이윽고 내가 가슴까지 밀려 내려오면 나는, 쓸쓸해졌다. 나의 막내란 그런 것이었다.

　나는 빠르게 많은 음악을 옮겼다. 조지 윈스턴이 옮겨진 지 얼마 되지 않았던 그해 '12월 December', 나는 학원 선생님으로부터 '산타처럼 빨간 옷이 잘 어울리는 연주야'로 시작하는 카드를 받았다. 그리고 엔야를 들었다. 이건 반드시 함께 적어야 하는 문장이다. 나는 아, 빨

강이다, 엔야를 듣고 처음으로 색(色)을 좋아할 수도 있겠다고, 나는 진심으로 이해했다. 언니는 나보다 한 뼘쯤 더 어른인 것 같아 질투가 났다. 붉었다.

오빠의 CD며 테이프가 거진 바닥이 날 무렵, 그러니까 이모네 집에 있던 영어 회화 테이프에서 탐과 제니가 더이상 대화를 나누지 않고 마이크가 나와서 중재를 하지도 못할 무렵, 나는 오빠의 다이어리를 훔쳐보았다. 오빠의 다이어리 한편에는 내가 끼적인 시가 적혀 있었다. 오빠는 그게 내가 쓴 시라는 것을 몰랐을 것이다. 오빠는 간혹 내가 산 시집을 읽었다, 오빠는 오빠였기 때문에 몰래 읽지는 않았다. 간혹 내 일기장도 읽곤 했다. 나는 분노하는 대신 오빠의 CD를 꺼냈다. 오빠의 취향을 옮기는 일은 그러니까, 교환이었다. 나는 그렇게 생각하기로 했다. 오빠의 다이어리에 쓰인 시가 내가 어디에서 베껴 적은 게 아니라 정말 '내가' 적은 것이라는 걸 알리고 싶었다. 하지만 그러려면 오빠의 다이어리를 훔쳐본 이야기를 먼저 해야 할 것이었으므로 나는 혼자, 붉었다. 나쁘지 않았다. 약간 가슴이 뻐근했다.

나는 지금도 간혹 조지 윈스턴을 듣는다, 엔야가 새 앨범을 내지는 않았는지 찾아보는 것이다. 그리고 몇 명쯤의 언니와 오빠를 그리워한다.

내가 아직 오지 않은, 이스탄불이야

비행기가 공항에 닿고 차례대로 내려 입국 심사를 마치고 짐을 찾은 뒤 공항 정문에 선다. 내가 이스탄불에 왔다, 는 걸 상기한다. 나는 떠나오기 전에 이스탄불, 을 몇 번이나 발음해 보았을 것이다. 그러나 이스탄불에서 이스탄불, 하고 발음하는 건 사뭇 다른 느낌이다. 나는 이스탄불에 있다. 이스탄불에 있다는 것이 도무지 실감 나지 않는다. 어쩌면 떠나오기 전 지나치게 여러 번 이스탄불을 발음했기 때문일 수도 있다.

보스포루스를 걷기로 한다. 유럽과 아시아를 잇는다는 바다를 끼고 유럽에 서서 아시아를 바라본다. 아시아라고는 해도 낯설기만 하다. 이스탄불에 있는 아시아는 『아라비안나이트』의 아시아여서 나는 아시아 사람을 찾으면 저요, 가장 먼저 손을 들게 생겼지만 이건 어린 시절 읽던 『열려라, 참깨』를 꺼내 와서 뚝딱 하고 열어도 도무지 아시아가 열릴 것 같지 않은 아시아인데도 이스탄불은 낯설지 않다. 내가 이스탄불에 있다는 사실은 낯설다.

그를 만나기로 한 시간에 약간 늦었다. 그래도 상관없을 것이다. 그도 약간 늦게 주춤거리며 걸어오고 있을 테니까. 우리는 일부러 같은 숙소에 묵지는 않았다. 서로가 약속에 늦어도 재촉하지 않을 정도의 거리가 필요하다. 우리는 기다리지 않으면 만날 수 없다. 전화를 걸어 약속을 미루거나 취소할 수도 없다. 우리는 서로의 숙소가 어디에 있는지 정확하게는 알지 못한다. 기다리지 않는 수가 없다.

우리에겐 이런 약속이 필요하다. 약속 장소로 가는 길에 곰을 만나서 늦었다고 황당한 거짓 핑계를 대도 알지 못할 정도의 거리와 여유. 우리의 거짓말은 중요하다. 곰을 만나거나 무지개가 세 개쯤 떴거나 오는 길에 건물이 무너져서 사람을 두 명쯤 구하고 오느라 늦어야 한다. 차가 막히거나 늦잠을 잔 것으로는 안 된다, 차가 막히거나 늦잠을 잤더라도.

보스포루스 항구에서 유럽과 아시아를 오가는 배를 지난하게 바라본다. 우리는 배를 바라보는 일 말고는 아무것도 하지 않는다. 어떤 배는 유럽과 아시아를 오가고 어떤 배는 물 위에 둥둥 떠 점심 식사를 준비한다.

"우리, 아시아로 건너가볼까?"

이스탄불에 오면, 적어도 보스포루스 항구에 서면 누구나 한 번쯤 이렇게 말하지 않았을까, 우리는 아시아로 건너가기로 한다. 나는 터키를 중동인 줄 알고 왔는데 정작 터키 사람들은 유럽이라고 했다. 우리는 수도인 것 같지만 수도가 아닌 도시 몇 쯤 주워 떠들고, 그러니까 시드니나 제네바라든지, 그러니까 이스탄불이라니까.

그가 무릎을 베고 눕는다. 아시아를 요리하는 냄새가 배에 있는 식당에서 흘러나오는 것 같다. 이제는 요리가 다 되었는지 음악을 튼다. 손님을 끌기 위한 것일까, 이미 안에 들어가 앉은 손님을 위한 것일까. 햇살에 눈이 시리다. 파도가 한번, 거세게 일었다. 바닷물이 그의 얼굴까지 튄다. 지금 네 얼굴에 닿은 그 물은 유럽에서 흘러들어온 거야, 방금 유럽에서 아시아로 건너온 우리.

"아~ 여기가 이스탄불이구나."

나는 나에게 말해주었고 그래서 내가 '아' 하고 조금만 길게 숨을 쉬어도 그는 '이스탄불이야' 하며 이스탄불을 웃었다. 이스탄불, 이스탄불, 스무 번쯤 발음해도 나는 영 이스탄불에 온 것 같지를 않다. 마치 카사블랑카, 마다가스카르, 안티쿠아바부다 같은 지나치게 이국적인 이름, 이스탄불. 아무리 발을 디뎌도 닿을 것 같지 않다, 이스탄불.

그래서 우리는 입을 맞추기로 한다.

이스탄불에는 삼 주를 약간 넘게 머물렀다. 떠났다가 다시 돌아오기도 했다. 그러고도 이스탄불에는 아직 다녀오지 않은 것 같다. 떠나야 할 날이 다가오자 나는 초조해졌다. 삼 주가 지나도록 '아' 하고 숨을 길게 내쉬었다, 이스탄불이야. 공항으로 가는 트램을 타고 다리를 쭉 뻗어 내 발을 지켜보았다.

어쩌면 이것으로 괜찮을 것이다, 한 번쯤 도무지 가본 적 없는 도시에 다녀온 것도.

무서워서 한 걸음

　한창 자전거를 몰면서 섬을 달리다가 잠시 쉬는데 지나가던 트럭이 멈췄다. 자전거를 타고 제주도를 빙 돌겠다고 결심한 지 엿새 만이었고 달린 지 닷새 만이었다. 어느 날은 길거리에서 잠들기도 했다. 길을 잃어 빛이 있는 곳을 찾아 달렸더니 인가만 빼곡한 작은 마을이었다. 해안도로를 따라 돌고 있던 터라 보이지 않는 바다가 멀리서 출렁거렸다. 도저히 숙박업소를 찾아 다시 페달을 밟을 기력이 없을 만큼 달려온 길이었다. 결국 바닷소리가 들리는 정자에 자리를 잡고 정자 기둥에 자전거를 동여맸다. 휴대폰과 엠피쓰리플레이어, 지갑을 가방에 집어넣고 가방을 베개로 벴다. 얇은 티셔츠 두어 장을 이불로 덮고 누웠더니 얼마 지나지 않아 가랑비가 들었다. 나쁘지 않았다. 자전거보다 나를 동여맸어야 했다는 사실을 깨달은 건 자전거를 동여매고 나서도 한참을 잘 자고 일어난 뒤였다. 경솔했잖아. 하지만 나에겐 사람이란 남의 물건을 훔칠 정도로 나쁘지만 나를 해칠 정도로는 나쁘지 않을 거라는 믿음, 혹은 사람이란 사람을 해칠 수도 있지만 나를 해치지는 않을 거라는 믿음이 있었다. 근거도 경험도 있는 믿음이지만 어설프다. 나는 사람을 해칠 정도로 나쁜 사람이 존재한다는 걸 지금보다 반도 넘게 어렸던 시절 이미 알았다. 알았다고 해서 깨닫는 것은 아니었을 것이다. 참 다행한 일이다.

　갓길에 세운 트럭에서 기사 아저씨가 차창 너머로 나를 부르더니 물통을 건넸다. 내게도 물이 있다고 하며 자전거 뒤에 매달아 놓은 물통을 가리키니 짱짱하게 햇빛을 받은 미지근한 물을 마셔야 되겠느냐면서 아직 채 녹지도 않은 얼음 물통을 내밀었다. 당신은 집에서 또 가져오면 된다면서. 물통을 받아들자 손바닥에 시원한 물방울이 서늘하게 퍼졌다. 나는 손

바닥에 퍼진 서늘한 감촉을 이기지 못하고 자리에서 물을 반이나 비워버렸다. 됐다더니 반이나 비워버리는 것을 보고는 재미있다는 듯 웃으며 보더니 물었다. 여자 혼자 자전거 여행 같은 걸 하면 무섭지 않으냐고. 손바닥에 남은 차가운 기운을 얼굴에 쓸어내며 대답했다.

"아저씨 같이 좋은 분이 많아서 안 무서워요. 다들 사람 사는 덴데요, 뭘."

사실 조금은 거짓말이었다. 가끔씩, 무섭다, 여행을 하지 않아도. 조금은 진심이었다. 다들 사람이 사는 곳이다. 그렇더라도 무섭곤 했다. 사람도 무섭고 시간도 무섭고 무서워서 걸음을 늦추는 나마저도 가끔은 무서웠다. 나는 겁이 많다. 사소한 소리에도 어깨를 흠칫 떨고 자주 놀란다. 개든 강아지든 고양이든 새끼든 심지어 물고기까지 무서워한다. 당연히 어둠은 무서워하고 그래서 밤에 불을 끄고 혼자 잠들 수 있게 된 것도 불과 작년 일이다. 그래도 온전히 어두우면 가끔 실눈을 뜨고 아무것도 없는 어둠을 확인하다가 지나치게 묵직하다 싶

165

으면 슬며시 불을 켜두기도 한다.

아저씨의 등 뒤로 노을이 안개처럼 낮게 깔리고 있었다. 하지만 한낮의 열기는 쉽게 식지 않는 이상한 저녁이었다. 나는 어둠이 무섭지만 밤이 무서운 것은 아니고 낯선 곳은 무섭지만 낯선 사람이 무섭지는 않다. 아직은 네가 어려서 그렇다고, 세상은 동물이나 귀신이 아니라 사람이 무서운 법이라는 소리를 몇 번 들었다. 하지만 나는 어둠을 지닌 사람보다 어둠이 무섭다. 불을 켜고 자는 일은 영 피곤해서 빛의 잔영을 의식하지 않을 수 있을 때까지 밤마다 삼십 분을 넘게 뒤척이면서도 불을 끄지 못했다. 그러고도 나는 혼자 여행을 할 수 있다. 낯선 동네에 내려 처음 들어간 슈퍼에서 음료수며 담배 따위를 사고는 단골이 될 나를 상상하는 나, 는 무섭지 않다. '여기 지하철역이 어디에 있죠?' 라고 묻던 나에서 '지하철역은 오른쪽으로 돌아 쭉 가면 나오는 담배 가게 뒤로 있어요. 역 입구가 작기 때문에 가게를 돌면서부터는 꼭 집중해서 표지판을 봐야 해요' 라고 대답하는 나를 상상하는 나, 는 무섭지 않다.

단어를 이렇게 나눠도 당신이 이해하여 줄 수 있다면 '용기' 가 없지만 '용감하다' 고 말해도 될는지. 씩씩하고 겁이 많다. 사물도 겁나고 동물도 겁난다. 걸음은 호기심好奇心이지만 호기豪氣, 그러나 무엇보다 '믿음' 이다. 사람은 아름답다는 믿음, 친하고 보면 다정할 것이라는 믿음, 세상이 5도쯤 따뜻할 것이라는 믿음, 나의 걸음이 안녕할 것이라는 믿음, 그래서 여기까지 왔으므로 이건 내 경험을 건 믿음이다. 이건 때로 터무니없고 어리석다는 것을 모르지는 않는다. 하지만 당신과 내가 '아는' 것들로부터 받아온 상처를 돌이켜보면, 그러고도 우리는 또 상처를 받을 것을 짚어보면, 그러고도 우리는 사랑을 하고 나는 한 걸음, 딛는다. 무섭지만 한 걸음, 무서워서 한 걸음.

숨을 길게 들이쉬고 눈에 익을 때까지 기다렸다가 겨우 한 발을 떼는 깊은 밤 걸음처럼, 여행하고 있다. 이곳도, 삶도.

살아보고 싶은 길, 살아보고 싶은, 길

나는 살아보고 싶다. 당신이 생각하는 두 가지 의미를 담아 나는 살아보고 싶은 것이다. 스물아홉을 살았고 서른다섯 번 이사했다. 간혹 한 달 만에 이사하기도 했다. 때로 사람들이 말하는 나의 여행은 과장되어 있고 나는……

글을 쓰러 왔다고 나에게 핑계를 대어보지만 집이 아니곤 무언가를 적는 일이 쉽지 않은 사람이다. 그나마 다행한 것은 집을 자주 옮기는 사람이라는 것이다. 나는 여행하는 데에는 도통 익숙하지가 않고 집을 옮기는 데에 익숙하다. 그러니까 나는 지금 여행을 한다기보다 어쩌면 잦은, 이사를 하고 있다. 이삿짐을 나르고 짐을 풀어 내 손이 닿는 곳에 수첩이나 펜, 머리핀 같은 것을 알맞게 배치하고 옆으로 수건을 개어두고 금세 꺼내 입을 옷을 몇 벌 꺼내 서랍에 집어넣는다. 한 번도 입지 않은 채 철이 지나는 옷이 있듯이 어떤 옷은 입어보지 못하고 나는 이 동네를 떠날 것이다. 모든 짐을 다 풀어 꺼내지는 않는다. 이사를 할 때면 항상 이삿짐인 채로 옮겨 다니는 물건들이 있는 것처럼. 집밖에 나가 사람들에게 인사를 한다, 여행자라고 하기엔 지나친 시간을 들여.

집을 옮기는 것은 어렵지 않은 일이다, 원래 사람들은 그렇게 사는 줄 알았을 것이다. 나는 길 위에서 자랐다. 화물 트럭 터미널에서 살다가 잠시 시외버스 터미널에 살기도 했다. 서부 트럭 터미널에서 남부 시외버스 터미널, 남부 트럭 터미널까지 살다보니 내 열 살이 다 지났다. 문 앞에서 만난 사람들은 죄다 어디론가 가거나 어디에서 왔다. 사람이 산다는 건 원래 그런 것인 줄 알기도 했을 것이다.

터미널에서 자랐기 때문인지 나는 자동차를 타면 도무지 지루하지가 않다. 커다란 차는

다 같아 보여도 칸칸이 다르다. 여행을 하면 꼭 '원 데이 버스 티켓' 같은 걸 산다. 온종일 마음껏 버스를 탈 수 있는 티켓. 목적지까지 가는 데 지하철을 타는 것보다 몇 배를 돌아가더라도 어지간하면 버스를 갈아타는 쪽을 선택한다. 버스를 타면 안심이 된다. 그곳이 어딘지 몰라도 내가 어디에 있는지 알 것 같은 위안을 준다. 창을 열면 자연스럽게 어깨를 들이미는 매캐한 자동차 배기가스에도 나의 평안이 있다.

처음으로 혼자 버스를 탄 건 다섯 살 때였다. 한글은 '강남 8학군'에서 배워야 한다는 엄마의 믿음이 선택해놓은 유치원에 가기 위해서였다. 직선 거리는 5킬로미터 정도지만 바로 가는 버스가 없어 버스를 갈아타야만 했다. 집에서 유치원까지, 왕복 두세 시간이 걸렸다. 하지만 직선거리는 5킬로미터였으므로 나는 종종 걷기도 했다. '국교생' 버스비가 70원, 갈아타면 140원, 유치원에서 집으로 돌아가는 길에는 자주 고민했다. 140원으로 종이인형과 주전부리를 좀 사고 집에는 걸어갈 것인가, 아니면 버스를 타고 갈 것인가. 세 개쯤 먹으면 맛이 다 똑같게 느껴지지만 그래도 일단 화려하게 포도며 오렌지, 레몬, 사과 맛을 달고 4색이 찬란한 사탕 '비틀즈'가 나온 뒤로는 자꾸 '비틀즈'의 승. 한 알씩 입안에 넣고 천천히 빨아먹다가 하얗게 색소가 다 빠지면 조금씩 뜯어 씹어 먹으면서 집에는 걸어갔다. 세상만사를 다 구경하면서 혓바닥을 굴리며 집에 가다보면 다섯 시간쯤 걸리곤 했다. 간혹 엄청 빠른 택시를 타면 5분쯤이면 도착하는 거리였다. 다섯 살의 나는 '1킬로미터'라는 거리에 대해 고민했다. 1킬로미터는 걸어서 한 시간에 가는 거리일까, 차를 타고 1분 동안 달리는 거리일까. 내 인생 최초의 여행이었다.

개포동에서 출발할 때는 아직 어스름이 질 때였으니까 무섭지 않다. 그 반대의 행로였으면 차라리 나았을 텐데 해가 질수록 인적도 점점 드물어졌다. 대모산을 지나 구룡산을 지나 불빛이 간간이 끊어지고 그래도 지나가는 차를 구경하는 건 신이 났다. 차는 다 똑같이 생겼는데 전부 다른 얼굴이었다. 간혹 내 가까이에서 천천히 달리는 차들이 매연을 얼굴에 뿜었다. 매캐한 냄새가 싫지 않았다. 저녁쯤이면 여름에도 간혹 팔이 시렸다. 그럴 때면 차도 가까이 붙어 걸었다. 커다란 자동차가 배기가스를 부웅~ 흩어내고 지나가면 팔등이 따뜻해지

기도 했다. 문제는 양재IC에 도착할 때다. 터널을 건너야 하는 것이다. 터널에서는 차가 지나가기만 하고 얼굴은 비치지 않았다. 헤드라이트가 눈만 동그랗게 뜨고 나를 쩨려보는데, 이를 악물어도 울음이 날 것 같았다. 터널에 들어갈 때마다 십 분은 넘게 망설였다. 이쯤 되면 비틀즈도 다 먹었으니, 오늘 내가 왜 비틀즈를 먹었던가 아무리 후회해도 비틀즈가 있을 것도 아니고 안 무서울 것도 아니니, 한 걸음. 겁을 먹으면 빨리 달리는 사람이 있고 겁을 먹으면 도무지 빨라지지 못하는 사람이 있다. 나는 천천히 어둠을 먹으며 걸음을 디뎠다. 그 뒤로 족히 이십 년은 넘게 더 걸어도 그 길만큼 무서운 길은 없었으므로, 나는 곧잘 걸을 수 있게 되었다.

하지만 고속도로에서는 사람이 걸어 다녀서는 안 된다, 는 것은 고속도로를 걸어보고 알게 되었다. 서울 태생 가출 초년생은 반드시 부산으로 가야 하는 줄 알고 가진 돈을 다 털어 부산으로 향했다. 돌아올 돈은 없었다. 결국 어디서 지도를 주워 보고는, 걷기로 했다. '지구는 둥그니까 자꾸 걸어 나가면 온 세상 어린이'는 하나도 없고 '다함께 차차차, 슬픔을 묻어 놓고 다함께 차차차' 는 쉬지 않고 지나가고 꼬박 하루는 지나고 나서야 나는 누구고 여긴 어딘가, 그래도 지구는 둥그니까, 서울이라는 표지판이 나오는 대로 꺾어가면서 걷다가 나를 태우러 온 경찰차를 타고서야 사람이 고속도로에서 걸어 다니면 안 된다는 것을 배웠다. 길에서 배운, 것들을 생각한다. 길에서 버린, 것들을 생각한다.

영국의 안개는 장막처럼 내린다. 안개의 '존재'를 깨달은 것은 영국에서였다. 거대한 안개 덩어리가 물렁하게 세상 위로 녹아내려서 한 1~2미터만 떨어져도 앞을 분간할 수가 없었다. 나는 무대 뒤에 선 나를 생각한다. 안개는 단단하지 않고 희미하니까, 나는 고립되었다기보다는 고립시킨 기분으로, 둘러본다. 팔을 뻗어 휘휘 내저으면 걷힐 것도 같다, 그야말로 커튼처럼 내려와 있으니까. 그러나 커튼이 어디서 시작하는지가 문제였다. 계속 휘휘 저어도 커튼만 휘젓는 꼴이다. 나는 한동안 세 시간쯤 걸어 학교에 다닌 적이 있다. 비틀즈를 사 먹지도 않으면서 버스비를 아껴보겠다고 나선 길이었다. 시야는 딱 내 걸음만큼만 펼쳐 있다. 오후 네시, 런던의 겨울 해는 벌써 떨어졌고 마주 오는 사람의 발소리가 물 안에서 들리는 것처럼 울린다. 실체 없는 소리가 웅웅 떠다닌다. 나는 보이지 않는 것에도 약간 지치고 길가 벤치에 슬며시 앉아 내가 갈 길을 응시해본다. 콘크리트 바닥, 양옆으로 깔린 잔디, 왼쪽은 자전거 도로니까 건너가면 안 되고 길을 머릿속으로 굴리다가 다시 똑바로 응시한다. 길이 슬며시 드러나는 것도 같다. 나는 어제의 기억을 다시 떠올려본다. 여기에서 오 분쯤 더 걸어가면 오른쪽으로 쓰레기통이 있을 거고 왼쪽으로는 기찻길이 나오겠지. 오 분쯤을 더 걸어가면 체스트너트 거리가 나올 것이다. 엉덩이를 떼고 한 걸음, 오 분을 걸어, 도 쓰레기통이 없었다. 쓰레기통은 없어도 체스트너트 거리는 곧 나오겠지. 나는 안심이 되었다. 응시하면 길이 보이는 것도 같았으니까. 내가 반대로 걷고 있었다는 것은 차가 다니는 대로까지 걸어 나오고 나서였다. 어디에서 방향이 틀어진 걸까. 오른쪽, 왼쪽, 앞, 뒤, 바닥의 감촉, 오른쪽, 왼쪽, 환영 같은 길에서 나는 오른쪽이든 왼쪽이든 앞이든 뒤든, 걷기로 했다. 나를 믿지 않자 길이 조금 수월해졌다. 며칠을 더 안개가 자욱했다.

세상에 대해 최초로 배신감을 느낀 건 한글을 배운 지 한참 지났을 무렵이었다. 나는 '당연하게도' 강남의 한글과 다른 동네의 한글은 다른 한글인 줄 알았다. 똑같은 한글이라면 엄마가 굳이 나를 버스까지 같아 태워가면서 보내지는 않았을 것이므로. 하필 내가 초등학교에 입학한 건 한글맞춤법 개정이 있은 지 얼마 지나지 않았을 때라 교과서에는 '~습니다'라고 적혀 있고 집에 굴러다니는 책에는 '~읍니다'라고 적혀 있기까지 했다. 엄마에게 물어보지는 않았다. 한글은 서로 다른 건 줄 알았지만 엄마가 글을 읽을 줄 모른다는 건 알고 있었으니까. 한글이 어디나 똑같다는 걸 안 건 여덟 살이 되어서 위장전입이 들통 났기 때문이었다. '어디나 다 가르치는 건 똑같으니까 괜히 애 고생시키지 마시고 전학을 하시라'고 하던 선생님 앞에서 나는 세상이 약간 어려워졌다. 세상이 나를 배신했다. 내가, 얼마를 걸었는데. 하지만 엄마는 나를 전학시키는 대신, 근처에 방을 얻어주었다. 밤이면 엄마를 붙잡고 장사에 나가지 못하게 막으셨으므로 엄마는 내가 잠든 후에야 장사를 나갈 수 있었다. 차가 끊겼을 시간이었으므로 이번엔 엄마가 길을 걸었다. 아침에도 첫차가 다니기 전에 집에 도착해야 했으므로 이번엔 내가 걸어보지 않은 방향으로 걸었을 것이다.

RETIRO
DOS
PLÁTANOS

비엔나에서도 정해진 시간이나 기간만큼 교통권을 끊으면 지하철과 버스, 트램까지 아무거나 골라 타고 돌아다닐 수 있다. 아침이면 하루에 하나씩만 일정을 짠다. 비엔나 대학교에 가보아야지. 문제는 비엔나에는 가고 싶은 곳들이 죄다 몰려 있다는 것이었다. 그러면 어제와 같은 트램을 타고 어제와 같은 길을, 그것도 물론 흥미롭지만, 그래도 오늘은 다른 길로 가기로 한다. 일단 트램을 골라 잡아탄다. 대충 마음에 드는 곳을 잡아 내리는 것이다. 길과 길을 지나 트램이 그만 멈춰 선다. 베토벤 강, 아직은 베토벤 강에 베토벤 하우스가 있다는 것은 모른다. 다시 트램을 갈아타고 어쩌고 스트라비Straße, 도로와 어쩌고 가세Gasse, 골목을 지나고 어쩌고 길을 지나서 비엔나의 외곽인 그린칭에 닿을 때쯤 옆자리 사람에게 지도를 보여주며 묻는다. 아직은 이곳이 비엔나의 외곽인지 시내인지, 비엔나이긴 한 것인지도 모른다.

"저기, 저는 지금 비엔나 대학교를 찾아 가려고 해요. 어디에서 내려서 갈아타면 되죠?"

영어로 말하지만 영어가 통하지 않을 수도 있으니까 일단 비엔나 대학교가 표시된 시내 지도를 다시 펼쳐 보여준다. 여자는 지도를 보더니 나를 보며, 웃는다.

"이건 비엔나 대학교에 가지 않아요. 여기는 비엔나 대학교에서 멀리 떨어진 곳이에요. 당신은 왜 여기에 있는 거예요?"

나는 비엔나 대학교 대신 내가 왜 이 길에 있는지 고민한다. 내 걸음이 쌓인 길을 떠올린다. 내가 밟은 걸음을 걷는다. 하루가 여행이던 시절을 기억한다. 엄마가 걸었던 길을 상상한다. 이건 엄마가 나를 학교에 보내기 위해 밤이며 새벽마다 걸었던 길, 때문일지도 모른다고도 미뤄본다. 길에서 밥을 짓고 길에서 돈을 벌고 길에서 책을 읽던, 우리 모녀를 곱씹어본다. 다만 엄마는 당신이 그렇게 열심히 걸어 보낸 학교를 다니면서, 내가 글자를 배우는 대신 걸음을 배우리라고는 기대하지 않았을 것을 짐작해본다. '팔 할'의 '바람'이 나를 키워 '바다에 나가서는 돌아오지 않는다 하는' 엄마의 '숱 많은 머리털과 그 커다란 눈을 나는 닮았'다고 고백해본다.

사랑하지 않는 것이 불가능하다

여행을 하면 우리는 자주 사랑을 한다. 길이거나 사람이거나 혹은 사람이거나 또는 사람이거나. 자연스럽게 읽어낼 수조차 없는 이름의 길 위에서, 아는 사람도 없고 가진 것도 없고 챙길 것도 없어서 도무지 사람 말고는 집중할 게 없다. 사람이 사람에 집중하는데 사람에 빠지지 않을 수가, 사랑에 빠지지 않을 수가.

그런 식이다. 보통은 무언가를 묻는 것으로부터 시작한다.
"페트라가 어디예요?"
지도 한 장 없는 질문으로 로아이를 만났다. 낯선 동네에 닿는 건 익숙했지만 최소한 내가 어디에 있는지조차 모른다는 건 약간 불안했다. 나는 내가 불안할 줄 몰랐다. 이집트에서 떠나오던 날에는 그렇게 멀리 가는 것이 겁나지 않느냐고, 각자들 구천 마일은 날아온 사람들이 물었다. 겁나지 않았다. 모르면 된다. 불안할 줄 몰랐고 길을 잃을 줄 몰랐고 낯설 줄 몰랐던 거다. 떠날 때마다 겁이 났던 것을 잊는다.

들어갈 때마다 겁이 났던 것을 잊는다. 우리는 우리의 아홉 살, 열 살, 엄마에게 혼이 나는 게 무서워 집에 들어가지도 못하고 집 주변을 뱅뱅, 엄마가 우리를 찾으러 나올 때까지 돌던 것도 잊고 놀다보면 어느새 어스름이 짙어졌던 것처럼, 하나도 무섭지 않다. 지나고 보면 만만해지는 법, 로아이는 나를 아연히 바라보았다. 나는 다시 또박또박 발음했다.
"페트라에 가려고 해요. 어디로 가면 되죠?"
너를 처음 만났던 버스정류장을 기억하고 있어. 우리는 그곳에 두 번 갔지. 우리가 처음 만났던 날, 우리는 그곳의 사진을 한 장 가지고 있지, 우리가 다시 만났던 날. 나는 간밤에 생경했어. 하얗게 칠한 방이었지. 처음에는 그게 제법 깔끔해 보여 좋기도 했어. 붉은 나무를 덧대어 지어놓은 창은 칠이 약간 벗겨져 이방의 시간이 새어나왔지, 젖은 나무 냄새가 났어. 괜찮았어. 방 안에는 두 개의 침대가 나란히 놓여 있었는데, 나는 갑자기 침대를 채워야 할 것 같다고, 시달렸어. 아니야, 그래도 요르단에 들어온 건 괜찮았어. 이틀이나 씻지도 못하고 버스를 타고 달려온 참이었어. 카이로에서 샤름 엘 세이크행 버스를 타고 여덟 시간을 달려서 아침에는 누에바행 버스로 갈아탔지. 운이 좋았어. 배가 하루에 한 번 있다는 말은 들었지만 딱히 시간을 알아볼 생각은 하지 않았거든. 빠른 페리와 느린 페리 중에 선택을 하라기에 나는 느린 페리를 선택했지. 딱히 돈을 아끼려던 것만은 아니었어. 이집트에서 빠른 페리라고 해봤자 뭐 얼마나 빠른 페리겠나, 생각한 거지. 그리고 나는 그만 이집트의 가난을 맞닥뜨린 거야. 배는 출발할 생각도 않고 있었어. 생을 벌기 위해 배를 타고 요르단으로 들어가는 사람들, 나는 미안했지. 곁을 지날 때마다 살 냄새가 훅 끼쳤어. 땀 냄새, 썩은 이의 냄새, 빨지 못한 옷가지의 냄새, 하시시 냄새, 침 냄새, 빈 주머니의 냄새, 나는 간혹 눈을 내리깔아야 했어. 아무도 내게 말을 걸지 않았거든. 어딜 가든 말을 걸어오는 이집트에선 처음 있는 일이었지. 여자가 내 가방을 물끄러미 바라봤어. 나도 모르게 가방 끈을 당겨 메는 거야. 겸연쩍었고 겸연쩍기보다 약간은 더 미안했지. 그래도 다시 느슨해질 엄두는 나지 않았어. 약간 두려웠는데 부르카 속에서 눈만 빼꼼 내놓고 있던 여자는 내 물통을 바라보고 있었지 뭐야. 나는 시계를 봤어. 느린 페리라고 해봤자 빠른 페리보다 두어 시간이나 더 걸리겠거니 생각했지. 여자에게 물통을 건넸어. 여자는 고맙다는 말도 하지 않았지. 고마울 틈이 없는 갈증이었을 거야. 그런 건 헛바닥으로 느끼는 게 아니지. 나는 갑판 위에 간신히 떨어진 그늘 밑에서 잠을 자는 청년을 보고 있었어. 딱히 청년을 보고 있었던 것은 아니었을 거야. 어디에 눈을 두어야 할지 주춤거렸을 뿐이지. 페리 안에 동양인은 나 하나뿐이었어. 백인을 합쳐도 외국인은 나 하나였을 거야. 홍해를 타고 해가 넘어갈 때까지 아무도 나에게 말을 걸지 않았어. 이집트 사람, 알잖아, 마쓰리(이집트어로 '이집트 사람'이라는 뜻), 정말 소란하게 말을 걸잖니. 요르단에서도 이집트 출신은 단번에 알아볼 수 있었지. 그런데 정말 아무도 내게 말을 걸지 않았다니까. 헛바닥이 허옇게 말라가고 있었어. 밤이 되어서야 아카바에 도착했어. 당연하게도 항구에는 택시 기사들이 바글바글했지, 다르지 않았어, 내 나라도 그랬을 거야. 이제 겁이 좀 덜했지. 그래도 일단 택시 기사들을 뿌리치고 약간 떨어져 서 있었어. 눈치를 좀 본 거지. 그래, 나는 약간 시간이 필요한 사람이거든. 모르는 곳에 잘도 가지만 그렇다고 문턱부터 나서지는 않지. 이걸 어떻게 말해야 할까. 나는 모험을 좋아하지 않는다는 걸, 알아? 다들 놀라는데 정말이야, 나는 모험을 좋아하지 않아. 새로운 사람을 만나는 일을 좋아해, 그리고 그건 나를 엄청 피곤하게 하지. 간밤에 추는 춤은 황홀하지, 나는 간혹 나를 잊기도 하겠지, 일어나서 피곤한 건 어쩔 수 없잖아? 나는 도전을 좋아하지, 모험을 좋아하지는 않아.

벌써 팔 년 전이네. 나는 주춤거렸고 누군가가 나를 도와주길 기다리고 있던 것도 같아. 나는 가끔 여행의 기술을 이렇게 말해. 사람을 믿을 것 그러나 사람을 의심할 것, 그러고도 사람을 믿을 것. 나는 아무것도 몰라요, 당신의 도움이 필요해요, 하는 눈빛으로 서 있되 탐나는 것을 지니지 말 것, 내 스스로가 그들의 수단이 되지 않도록 초라할 것, 그래도 알고는 있을 것. 한 부부가 택시 기사와 함께 다가왔어. 나에게 어디를 가느냐고 물었어. 이제 곧 항구는 닫힐 거라고, 아카바 항구는 항구밖에 없는 항구였으니까 나는 택시를 타고 나가야 했지. 참, 이젠 너도 알겠구나. 육 년 전 네가 바래다준 아카바를 말하는 거야. 시내로 들어갈 거면 함께 요금을 나눠 내자고 했어. 사실 호텔이 모여 있는 곳이 어딘지도 몰랐으니까 다행한 일이라고 생각했지. 나를 속이려는 것일 수도 있다고 생각했지만 의심하고, 그러고는 믿어야지. 택시 기사는 이것저것을 묻다가 한 호텔 앞에 나를 내려줬어. '너를 위해' 싼 호텔에 데려다준 것이라고 했지만 나는 그가 소개비 같은 걸 받으려는 게 아닐까 하고 생각했어. 물론 그는 소개비를 받았지. 그래서 마음이 놓였어. 게다가 나중에 너와 함께 산 가이드북을 보니 내가 묵은 호텔이 책자에 소개된 다른 곳에 비해 싼 편이라는 걸 알고는 요르단이 좀 개운해졌지. 그래서 나는 어쩌면 너를 따라가도 되겠다고 생각한 것인지도 몰라. 너는 나를 암만에서 보낼 때쯤에는 제발 아무 계획도 없이 '괜찮아, 괜찮아' 하면서 아무나 따라가면 안 된다고 했지. 그래, 내가 가끔씩 지나치게 계획이 없다는 건 알고 있어. 하지만 나는 '괜찮아, 괜찮아' 하면서 아무나 믿고 따라가진 않아. 그러니까, 봐봐. 택시 기사가 소개비를 받을 것 같지 않았더라면, 택시에 동승한 부부가 자기네는 둘이면서 나와 비슷한 요금으로 흥정하지 않았더라면, 나는 그 택시에 타지 않았을 거야. 넌 걱정이 지나쳐. 그래, 알아. 네가 걱정이

지나쳤기 때문에 내가 페트라를 보고 울어버릴 수 있었던 거지.

"페트라에 어떻게 가냐고요."

너는 나를 발끝부터 머리끝까지 훑어봤지. 슬리퍼를 신은 발이 지저분한가, 반바지를 입는 게 아니었나. 너는 나에게 어디에서 왔느냐고 물었잖아, 내 질문에는 대답도 하지 않고. 나중에서야 내가 페트라를 무슨 동네 담배 가게 묻듯 물었고, 내 가벼운 질문 치곤 페트라가 너무 멀어 네가 당황했다는 걸 알았지. 버스를 타고 버스를 갈아타고 페트라에 내렸을 때에서야 생각해보니 네가 어처구니없었겠구나, 하는 거지. 그때야, 뭐 어디 알았나.

그러니까 사랑하지 않을 수 없다. 사랑하지 않는 것이 불가능하다. 아무것도 알 수 없고 아무것도 확신할 수 없는 곳에서 길, 을 내어주는데 어떻게.

너는 나를 종종 놀려댔지. 이집트식 아랍어를 쓴다면서, 대체 그런 건 어디에서 배웠느냐고 버스 기사까지 불러 나더러 다시 한번 말해봐라, 버스 안에 있던 사람들이 죄 한 번씩은 웃었어, 기분이 좋아졌지. 네가 언젠가 한국 사람을 만났을 때 내가 알려준 한국어를 기억한다면 그도 그렇게 웃을 거야. 그런 건 어디에서 배웠느냐고. 말을 처음 배운 아이가 할머니의 입버릇을 따라할 때처럼 웃었지, 나는 걸음이라도 새로 배워야 할 것 같은 기분으로 나른했어.

페트라로 들어가는 길은 쉽지 않았지. 더구나 슬리퍼를 신고 선글라스도 하나 없이, 뭘 죄다 넣어서는 등짝만한 가방을 메고 세 시간쯤 걸었던 것 같아. 그거, 알아? 나는 페트라가 어디인지뿐만 아니라 무엇인지조차 몰랐어. 당연히 어떻게 들어가야 하는 줄도 몰랐지. 아니, 글쎄, 입장료를 내고서 세 시간을 걸었는데도 아무것도 나오지 않다니. 얼마나 어처구니없었겠어. 그야 물론 장밋빛으로 물든 암벽은 아름다웠지, 하지만 땡볕에 세 시간이나 암벽 사이로만 걸어야 한다면, 글쎄, 감동은 땀으로 줄줄 흘러내려서 남는 게 없을 것 같았어. 땀을 더 흘릴 수 있을까 의심했는데도 땀은 계속 흘렀어. 그래도 우리는 아직 데면데면했고 너에게 툴툴거릴 수는 없으니까 나는 참고 슬며시 웃었지. 입장료가 아까워지기 시작할 때 즈음이었어. 농담으로 더위를 무마해보려는 시도였지.

"페트라는 너희 나라가 만든 것도 아닌데 왜 이렇게 입장료가 비싼 거야."

너는 나를 향해 뒤돌아서 몇 걸음 걸어왔지. 등 뒤에 서서 당나귀를 가리켰어.

"저기 저 당나귀 보이지? 저게 메이드 인 요르단이거든."

걸음이 좀 수월해졌어. 그래서 비싼 거야? 의뭉스럽게 대꾸했더니 넌 어깨를 능청스럽게
추켜올렸지. 몰랐어?

그 시절, 우리는 길에서 자곤 했지. 차를 타고 달리다가 적당히 마음에 들면 바로 이불을 깔아버렸잖아. 아카바 해변에 이불을 깔았을 때는 밤새 들려오는 파도소리에 잠들었지. 별이 많아서 잘 수가 없던 밤, 나는 아카바에 와서야 은하수는 정말 은하 '수水'가 맞다는 걸 깨달았는데, 결국 네가 먼저 말했지. 밀키 웨이가 정말 '웨이way'가 맞다고. 별이 마음보다 성급하게 흐르고 간혹 가다가 몇 개씩 떨구어지기도 했지. 별에 대고 무엇을 빌어본 적이 있느냐고 묻는데, 너는 별에 사랑을 빈 적이 있다고 말하고, 사실 나는 빌 것이 많아서 항상 욕심만 내다가 아무것도 빌지 못했다고. 나는 몇 번의 끝을 보았고 각자의 시간 속으로 철저하게 기어들어가 바닥까지 잊고선 어느 날, 웨이든 물이든 흐르긴 흘러도 그 별을 누구와 함께 보았는지는 기억나지 않고, 나는 별을 본 적이 있다, 고만 말하게 되는 날이 올 거라고, 우리는 서로를 잊고 별만 기억하게 될 것이라고. 별과 함께 우리까지 기억하기에는 당신도 나도, 사랑이 너무 많은 사람들이 아니겠냐고.

길거리에서 담배를 피우면 사내들이 힐끔거리다못해 휘파람까지 불며 지나갔지. 그렇잖아도 반팔 티셔츠가 신경 쓰였어. 이 정도는 괜찮을 줄 알았지만. 요르단은 이집트 같지 않다고 들었거든. 너는 간혹 싸울 뻔했어. 담배 때문인지 다툼 때문인지 모르겠지만 너는 불현듯 내가 담배를 끊었으

면 좋겠다고 했지.

"난 네가 담배를 끊었으면 좋겠어."

"응. 나도 내가 그랬으면 좋겠어."

"그럼 왜 안 끊어?"

"네가 돈이 많았으면 좋겠다고 바란다고 해서 돈이 많아지는 건 아니잖아."

우리는 그래서 몇 가지를 바랐지. 바란다고 해도 이루어지지 않을 것들, 나무가 아주 많은 성에 살았으면 좋겠다, 하늘을 날았으면 좋겠다, 다른 사람은 말고 나의 하루만 40시간이 되었으면 좋겠다, 담배를 끊었으면 좋겠다, 우리가 사랑했으면 좋겠다, 투명인간이 되었으면 좋겠다. 투명인간도 되지 못했는데 우리는 투명해지고.

나는 몇 년 전 너의 사진을 본 적이 있다. 이메일 주소가 등록되어 있으면 자동으로 연결해주는 소셜 네트워크 사이트였다. 너는 살이 조금 올랐을 뿐이었는데 나는 네가 어른이 되었다고 생각했다.

더이상은 걸을 수 없다고, 페트라고 뭐고, 나 이제 궁금하지도 않다고, 그러자 네가 얼마 남지 않았다면서 아예 내 가방까지 둘러메고선 걸었지. 그러다가 거기, 갑자기 나를 멈춰 세웠잖아. 바위 협곡이 끝나갈 무렵이었지. 너는 내 눈을 감기고 천천히 걸었어, 너를 만난 지 몇 시간 되지 않았을 때였지. 나는 아직 너에게 힘들다고도 말하지 못할 정도로 너를 불편해하고 있을 무렵이었지만 눈을 감았어. 하물며 내 가방까지 너에게 있었는데도. 한 걸음 한 걸음 천천히 옮겼어. 점막 안에서 빛이 흩어졌단다. 나는 눈을 꼭 감았지. 빛의 잔영은 사라지지 않은 채 색을 뿜고 얼굴에 채 닿지 않은 너의 손바닥에서 더운 기운이 밀려왔어. 나는 배려에도 온도가 있다고 생각했고, 챠락.

천육백 년을 전설로 묻혀 있던 이천 년 전의 고대 도시가, 나타난 거야. 내가 몇 시간을 걸어 '찾아간' 게 아니라 정말, 글쎄, '나타났' 다니까. 오로지 붉은 사암 바위산을 깎아 세운 알 카즈네의 기둥에서 늙은 햇빛이 부딪고 흩어졌어. 나는 주변을 돌아다보았지만 너는 사라지고 손바닥만 남아, 그래서 그날은 비밀이 되었지. 알 카즈네, 열려라 참깨.

알 카즈네, 보물이 있는 곳이라는 뜻이라고. 지금도 페트라를 한 장 한 장 넘길 적마다 나는 숨을 쉬는 게 조금 늦어진다. 우리는 두 번, 페트라에 갔다. 너는 혹시 그 뒤에도 페트라에 간 적이 있는지. 워낙 동양인이 많이 들르는 곳이니 한 번쯤 나를 떠올리기도 했는지. 알 카즈네 앞에서 잠시 숨을 참고 눈을 감아보기도 했는지. 내가 잔영처럼 남기도, 했는지.

내가   그립다

오늘은 스쿠터를 몰고 약간 멀리 나왔다, 다행히 몰타를 아직 떠나진 않았고.

딩글리에 앉아 바위 하나 없이 넓게 펼쳐진 바다를 보자 나는 불현듯 이 섬 어딘가에 내가 있을 수도 있겠다는 생각이 드는 것이다. 어쩌면 이런 작은 섬나라에는, 온갖 데서 온 사람들이 모여 세운 이 커다란 마을에는 어딘가 내가 자라고 있을 거라는 생각. 다른 부모로부터 태어나 다른 인종인 그러나, 나일 거라는 생각. 환생에도 영혼에도 회의적인 '나'가 여기쯤 어딘가 있을 거라는 생각. 다른 운명으로 태어나 이름도 모르고 얼굴도 다르지만 세 마디쯤 하면 나, 라는 걸 알아보리라는 생각, 그러나 우리가 만나지지는 않을 거라는 생각.

하지만 언젠가 우리는 서로가 찍힌 줄 모른 채 프레임 안에서 한 번쯤 만나기도 했으면 좋겠다는 생각. 서로의 앨범에 곱게 끼인 채 우리는 서로를 어깨 너머로 지나치고, 그러나 어쩐지 따뜻하다고 한 번쯤 슬쩍 돌아도 보았으면 좋겠다는 생각.

너에 대한 그리움이 부표처럼 떠다닌다. 물안개처럼 피어오른다. 네가 그리워 엉덩이를 털고 일어나 사진을 찍기로 한다. 나는 카메라를 꺼내 바위 위에 올린다. 절벽 위에 서서 바다로 조금씩 뒷걸음질 친다. 뒤를 확인하고 앞을 확인하고 다시 카메라로 가 앵글을 조절하고 내가 서 있을 자리를 당겼다가 밀어내고 셀프타이머를 맞춘다. 카메라 앞에서 혼자 웃으며, 사진을 찍고 있는 나를 약간 떨어져 바라보는 내가 그립다.

쓸데없는 것을 사면 나는 어깨가 으쓱해진다. 삶이 너그러워지는 것이다. 굳이 여행은, 쓸데없어서 환상적이고 가끔씩 걸어 쓸데없는 물건을 사고 나면 부유해진다. 이제는 어디에 꽂을 수도 없는 다이얼식 빨간 전화기, 금으로 도금한 날개 달린 돋보기, 어떤 음악이 담겼는지는 모르지만 재킷이 마음에 드는 CD, 짝이 없는 구두, 누군지 모르는 아름다운 여자의 사진, 읽을 수 없는 언어로 적힌 책.

피라미드가 보이는 집

나는 창을 열면 피라미드가 있는 집에 묵은 적
이 있다. 나는 거대함보다 정교함에 감탄하는 쪽
이었다.

"저기, 카이로에 살죠? 아버지와 조카들이 함께
살잖아요. 조카의 이름은 마리암이고요."
그는 나를 알아보는 것 같지는 않았다.
"나는 당신의 집에 묵은 적이 있어요. 당신의
집에서는 창문을 열면 피라미드가 보이죠? 그건
사 년 전이었어요."

압둘은 사 년 전 이 마을에서 만났다. 나는 그해
그와 함께 카이로에 올라갔다. 일어나면 피라미
드가 보이는 집에 노부가 죽은 누이의 아이들과
함께 산다고 했다. 처음 초대를 받았을 때는 건성
으로 들었다. 그러다가 '창문을 열면 피라미드'가
보인다는 말에 솔깃했던 것이었다. 그래도 걱정
이 되어 선뜻 묵겠다고는 하지 못했다, 버스 터미
널로 마중 나온 그의 아버지를 보기 전까지는. 사

년이 지났어도 그가 레스토랑에 들어서는 순간, 나는 창을 열고 피라미드를 보았다.

거대함보다 정교함에 감탄하는 사람이다, 나는. 단 한 번 피라미드에 감탄한 적이 있다. 잠에서 깨어 창 너머로 더위에 잠겨 일렁거리는 피라미드를 보았을 때였다. 피라미드는 신기루처럼 그러나 우뚝 서 있었다.

나는 그 집에 이삼 일 정도 머물렀던 것 같다. 그 며칠 동안 그를 본 적은 없었다. 그러니 그를 기억하기에 그리 긴 시간은 아니었을 것이다. 하지만 사 년 전이라는 게 중요하다. 나는 '어제'와 '아까'를 잘 기억하지 못한다. 어제 만난 사람을 오늘 알아보는 일이 힘들다. 하지만 희한하게도 한 오 년쯤 지나면 잘도 기억해내는 것이다. 한번은 신촌에서 길을 걷다 초

등학교 1학년 때 한 학기만 같은 반이었던 아이를 알아본 적이 있다. 그와 스치면서 내 연필이나 시험지를 주워주던 그가 떠오른 것이다. 헬륨 가스를 넣은 풍선처럼 가볍게 둥실, 떠오르는 것이다. 나는 그의 이름도 몰랐고 그 모습 외에는 아무것도 기억하지 못했다. 나는 길을 가다 혹시 이런 학교를 나오지 않았느냐고 잡아놓고 물어본 적이 있다. 둥실, 나는 저 사람을 안다.

레스토랑에서 밥을 먹다가 잠시 고개를 든 순간 그를 알아보았다. 이름을 확인하는 건 별의미가 없을 터였다. 남자는 모하메드거나 알리거나 아흐메드거나 압둘일 테지.

"저기, 카이로에 살죠? 아버지와 조카들이 함께 살잖아요. 조카의 이름은 마리암이고요. 나는 당신의 집에 묵은 적이 있어요."

당신의 집은 창을 열면 피라미드가 보이잖아요.

그제야 그는 나를 기억해냈다. 세상에, 이런, 안녕이라니, '나는 당신의 집에 묵은 적이 있어요. 나를 기억하나요?' 그의 아버지는 내외하는 분이셨고 나를 굉장히 조심스러워하셨다. 더구나 아이들이 나를 방해하거나 내게 놀아달라고 칭얼대지 못하도록 아이들에게 주의를

주기까지 했지만 나는 아이들이 방에 들어오는 게 좋았다. 방문을 항상 열어두었고 마리암은 가끔 기어서 들어왔다. 압둘에게 말을 거는 순간, 피라미드가 내리는 창 안으로 마리암이 기어들어온 것이다.

"그들은 모두 안녕한가요?"

아이들은 안녕하지만 아버지는 삼 년 전에 돌아가셨다고 했다. 나는 할아버지의 성함을 모르지만 아마 할아버지도 모하메드거나 알리거나 아흐메드거나 압둘이었을 것이다. 나는 사 년 만에 이 마을로 돌아왔고 모하메드거나 알리거나 아흐메드거나 압둘의 소식을 들었다. 사브린은 여섯 살에서 열 살이 되었고 수에즈로 이사를 갔다. 나는 대신 사브린의 아버지와 첫째 어머니와 언니와 사촌을 만났다. 그녀는 여전히 사랑스럽다고 했다. 나는 길거리에서 만난 거지를 다시 만났다. 사 년 전 그는 다가와 사진을 찍어달라더니 돈을 달라고 했고 사 년이 지난 어제는 사진기도 없는데 돈을 달라고 했다. 매일같이 다니던 카페에서 일하던 웨이터는 자기의 레스토랑을 차렸다. 이탈리아 여자 친구가 있다고 했던 것 같은데 스페인 여자와 결혼을 했다고. 나를 겁에 질리게 하던 고양이는 그새 새끼를 낳았고 그 새끼가 또 새끼를 낳아서 내 발끝에서 돌아다녔다. 몇은 떠났고 몇은 남았다.

죽기도 했다.

나는 다시 돌아와 보는 게 좋았다. 이렇듯 변하지 않고 남아 그곳에 섰던 나를 떠올리는 것, 좋다. 이렇듯 사라지고 다른 가게가 들어서도, 좋다. 나는 예전에 이곳에 향수 가게가 있던 것을 알고 있어. 나는 은밀해지고 뿌듯해진다. 그러나 이제는 이렇게 다시 돌아와도 만나지 못할 사람이 생기기도 하는 것이다. 오늘, 내 여행의 시간을 조금 실감했다.

죽음을 낯설어하지 않는다고 믿어왔다. 어릴 적 처음 갔던 장례식이 내 어머니의 것이었기 때문일 수도 있다. 죽음은 멀지만 가능한 일이라고 생각했던 것 같다. 하지만 죽음은 가능하지만 먼 일이라고 믿어온 모양이었다. 밤이 피라미드를 덮어버려도 도무지 그날의 방에서 나오고 싶지가 않은 것이다. 압둘과 인사를 마치지도 못하고 나는 방 안에 들어왔다. 여행이 처음으로 조금 두려워졌다.

파라다이스는 없다는 희망

스위스에 온 것은 순전히 비행기 값이 헐했기 때문이다. 비행기 표를 검색할 때 자주 이용하는 웹사이트를 켜놓고 내가 있던 몰타에서 이집트로 가는 가장 싼 표를 주르륵 찾아내고 있었다. 유럽에서 이집트로 들어가는 가장 싼 비행기는 스위스에서 출발하고 몰타에서 스위스까지의 표도 나쁘지 않은 가격이었으므로 스위스를 거쳐 이집트에 들어가기로 한 것이었다. 그런데 이집트행 비행기 표를 끊고서야 몰타에서 스위스로 가는 비행기가 착륙하는 공항과 이집트로 가는 비행기가 이륙하는 공항이 같은 도시에 있지 않다는 것을 알게 되었다. 몰타에서 출발한 비행기는 바젤에 도착하고 이집트로 가는 비행기는 제네바에서 타야 했다, 그래서 스위스를 여행하기로 했다.

"그렇게 여행하면서 느낀 게 뭐예요?"
번지점프를 하러 가는 길에 한 청년이 물었다. 그런 식으로 여행을 해서 느낀 게 무엇이냐는 건지 그렇게까지 여행을 해서 느낀 게 무엇이냐는 건지 이도저도 아니면 그렇게 몇 달이나 여행을 하면서 느낀 게 무엇이냐는 건지도 분명하지 않았지만 질문이 분명해진다고 해도 대답하지 못할 것이었다.

대화가 점점 어려워진다. 어렸을 때부터 나는 종종 대화가 힘들었는데 그건 내가 말을 잘하는 아이였기 때문이다. 내가 말을 배운 동네에는 '아이'가 없었다. 남부 트럭 터미널과 양곡 도매 시장 사이에 놓인 길, 우리는 길에 살았다. 어른들은 오거나 갔다. 엄마는 길에서 라면이나 닭똥집이나 술이나 음료수나, 말을 팔았다. 엄마는 말을 참 잘하는 사람이었다. 어른들은 바빴다. 하도 바빠서 나에게는 하루가 게을렀다. 나는 밤마다 엄마 무릎에 앉아 똑같은 하루를 다르게 이야기했다. 이야기라도 다르게 하지 않으면 다를 게 없는 하루였다. 손님이 오면 엄마는 일어섰고 그러면 나는 손님에게 말을 걸었다. 손님들도 바빴다. 처음 몇 분 동안은 들어주다가도 이내 날 성가셔했다. 나는 내가 재미없기 때문이라고 생각했다. 말을 좀 더 잘 해야겠다고 결심했을 것이다. 아주 거짓은 아닌 거짓말이 점점 늘었다. 말했다시피 아주 거짓은 아니었기 때문에 나는 마음껏 재능을 펼쳤다. 어제 오른 나무에 대해서 말했다. 첫 손님에게는 이 미터를 올랐다가 반응이 시원찮으면 다음 손님에게는 삼 미터를 올랐다가 아예 처음 오는 손님이 오면 이 층 정도는 가뿐히 오르고 하는 식이었다. 나는 분명 나무에 오른 적이 있다. 다만 옆에 세워져 있던 사다리를 헛바닥으로 뻥, 차버린 것뿐이었다. 사다리는 나보다도 작았다는 말도 차버린 것뿐이었다. 사람들은 점점 내 이야기를 잘 들어주는 것 같았다. 하루가 약간 바빠지기 시작했다. 바로 그게 문제였다. 급기야 내 나무가 '잭의 콩나무' 만큼 자라자 어른들은 더 바빠졌고 나는 눈치를 채었던 것 같다. 어른들이 내 이야기를 들어주지 않아. 내가 거짓말을 하고 있다는 걸 알아차린 것 같아.

나는 나를 반성하기로 했다. 말이 조금 줄었고 솔직하기 위해 애를 썼다. 돌아온 탕자이기 때문이었을까. 솔직한 것이 예전보다는 덜 지루했다. 헛바닥 대신 머리를 굴리기 시작한 것이다. '밥을 먹었느냐' 고 물어도 나는 성심성의껏 솔직하게 대답을 고민했다. 지금 저 아저씨는 어떤 밥을 묻는 것일까. 지금은 아저씨네 가게의 점심시간인데 그렇지만 나는 일어난 지 얼마 되지 않아 늦은 아침을 먹었을 뿐인데, 이러면 나는 뭐라고 대답해야 하는 거지. 한참을 생각했다. 덜 지루했지만 간혹 답답해졌다. 솔직하지 못해 불안해졌다. 그나저나 아저씨는 왜 밥을 먹었느냐고 물어보는 것일까. 함께 밥을 먹자는 건가. 아니면 정말 내가 밥을 먹었는지 궁금한 걸까. 그런데 내가 밥을 먹었는지가 왜 궁금하단 말인가. 나는 아저씨가 밥을 먹었는지 먹지 않았는지 하나도 궁금하지 않은데 아저씨는 그게 왜 궁금한 거지. 나는 또 박또박 대답했다. 늦게 일어나서 밥을 먹었는데 그건 아침밥이에요. 그래서 아침밥은 먹었는데 점심밥은 아직 안 먹었어요. 그런데 아저씨, 아저씨는 그게 왜 궁금해요?

학교에 다니기 시작하면서 왜 사람들이 '밥을 먹었느냐' 고 묻는지 배우고 나는, 자유를 다 느낄 지경이었다.

물론, 가끔 피곤하지 않으냐는 질문도 듣는다. 하지만 그런 질문을 듣는 게 더 피곤하다.

밥을 먹었느냐는 질문도 이렇게 대답하기가 숨이 차는데 '그렇게 여행을 하면서 느낀 점'이 무엇이냐는 질문은, 지금 다시 생각해도 벅차다. 가벼운 것이 나를 두렵게 한다. 무거운 것을 가벼운 것으로 만드는 힘이 나를 설레게 하고 나를 좌절하게 한다. 나는 아무래도 못하겠어. 버스가 알프스 산등성이를 가파르게 오르고 있었다. 초록으로 물든 만년설의 융프라우까지라도 갈 것처럼 덜컹덜컹 꽤 오래 달렸다. 뾰족한 지붕이 길게 뻗은 집들이 옹기종기 모인 인터라켄 마을 정경이 한눈에 보일 정도쯤 올라서야 나는, 대답했다.

"파라다이스는 없다는 거죠."
알프스 산맥에 싸여 나는 한껏 고양되었고 바람이 요들처럼 불어오자 창문을 더 크게 열며 대답했다. 파라다이스는 없다는 게, 살아갈 힘을 줘요, 여행을 하면.

그러니까, 어깨에 파라다이스를 얹고 평화만이 붉은 날개를 뻗은 것처럼 옹기중기 모인 스위스 마을을 바라보며 나는 가만히 종교 없는 나의 늙을 날을 생각하는 거예요. 그러면 확실히 나에겐 종교란 있을 수가 없겠다는 생각이 드는 거예요. 어딘가 내가 없는 곳에 파라다이스가 있을 거라는 생각을 하면, 그곳에 가지 않고 어떻게 배길 수가 있겠어요. 그래서 파라다이스의 소문을 들으면 이렇게 떠나오곤 하는가봐요.

지붕이 모난 집은 기둥이 아름답고 현관이 무뚝뚝한 집은 뒤뜰이 활짝 피어 있죠. 그렇게들 사는 마을이 마음을 쓰다듬어주는 거예요. 팔레스타인 난민 캠프에 간 적이 있어요. 전기도 들어오지 않고 아이들은 학교에 갈 수도 없죠. 요르단 국민만 그나마 학교에 갈 수 있어요. 소년은 씹는다기보다는 마신다는 말이 어울릴 만한 멀건 죽밥이 담긴 밥통을 안고 있다가도 밥을 다 먹으면 뛰어다녔어요. 어디서 그런 힘이 나지요? 할아버지는 농담도 했어요. 어머니는 간절했지만 앉을 때는 치마를 곱게 말았어요. 스위스에는 '부자'와 '더 부자'가 산다는 농담, 들어봤어요? 그래도 밥을 먹고 나면 가끔 뛰기도 할 거고 농담도 할 거고 앉을 때는 치마를 곱게 말겠죠. 나는 그걸 보려고 돌아다니는 것 같아요.

요즘에는 열한시가 되어도 해가 지지 않아서 일어나는 게 힘이 들었어요. 밤이 늦게 떨어진다고 해서 무엇을 할 수 있는 것도 아니어서 이리저리 서성거렸죠. 지난밤에도 잠들지 못했고 어렵사리 졸았다가도 자주 깨었어요. 지나가는 자전거 바퀴 소리에도 깼고 나의 잠투정에도 일어나버렸죠. 그 남자도 그랬나봐요. 공원 벤치에 앉았다가 길을 걷다가 다시 앉았다가 담배를 물더군요. 불 좀 빌릴 수 있을까요? 나는 시간을 물었어요. 열시 반쯤 되었던 것 같아요. 여행중이에요? 불을 빌려준 자의 여유로 물어봤어요. 남자는 인터라켄에서 태어났다고 하더군요. 툰 호수의 아래쪽 마을에 살았다고요. 지금은 이곳에서 패러글라이딩 조종사로 일한다고 했어요. 텐덤 비행을 해주면서 돈을 번다고요.

세상에, 사람들을 하늘에서 날게 해주는 직업이라니, 지나치게 낭만적이잖아요.

그는 웃기밖에 않더군요. 만일 내가 손님이었다면 하늘이 얼마나 아름다운지, 그는 자신의 직업을 얼마나 사랑하는지 늘어놨을 거예요. 다행이죠, 불을 빌려준 사이라. 내일 아침에 일찍 일어나야 하는데 밝아서 잠이 잘 오지 않는다고 했어요. 매년 이맘때쯤이면 밤이 짧았을 텐데 벌써 몇 십 년을 맞은 밤인데도 잠이 잘 오지 않느냐고 되물었죠.

그렇죠. 몇 십 년을 겪는다고 해서 밤이 길어지는 건 아니잖아요.

우리는 많은 말을 나누지는 않지만 나는 약간 과장된 위로를 받았어요. 그도 7월이면 잠들지 못하는구나, 나는 해가 일찍 지는 나라에 가서도 물어보고 싶어요. 오늘 같은 밤에는 일찍 자나요. 해가 빨리 지면 잠이 빨리 오고 그러나요. 나처럼 잠들지 못하고 당신도 서성이고 그러는 건 아닌가요.

어딘가 들어본 적 없는 아름다운 나라가 있을 거예요. 나는 지레 감탄하겠죠. 그곳에서 사람을 하늘에 태워주는 직업을 가진다면 평생 살고도 싶을 거예요. 그러다가도 어느 밤이면 잠들지 못하겠죠. 바깥에서 서성거리겠죠, 불을 빌릴 거예요. 나는 한국에 돌아가서도 어느

밤, 잠들지 못하겠죠. 그러다가도 아직 장사하는 '어름집' 이니 '쌀' 하고서 쌀을 파는 집 같은 것도 볼 수 있겠죠.

어쩌면 당신은 내게 말하진 않았지만 나의 대답을 시시하다고 생각했을지도 모르겠어요. 무언가 그럴싸한 대답을 생각하지 않았던 건 아니에요. 당신을 붙잡아두기 위해 약간 더 많은 이야기를 했을 수도 있죠. 그렇게 여행을 하면서 느낀 건 결국 다들 똑같다는 것, 이라고 말하지 않았을 수도 있어요. 어쩌면 당신은 어차피 그런 걸 볼 것이면 이렇게 먼 곳까지 올 필요가 없는 게 아니냐고 할는지도 모르겠어요. 그래서 지금껏 '여행은'으로 시작하는 문장은 결코 주어보다 길어진 적이 없는 거예요.

당신의 질문을 다시금 떠올리고 나는 생각해보는 거예요, 나는 왜 떠나는 것이 좋은지, 나는 왜 읽어본 적 없는 마을에 살아보고 싶은지 생각하죠. 잠들지 못하고서야, 그 남자도 잠들지 못한다는 것을 듣고서야, 나는 좀더 분명하게 대답할 수 있겠네요. 아름다우면, 좋죠. 생경한 것도 역시, 좋아요. 하지만 사랑하기에는 약간 부족하잖아요. 당신도 농담을 하고 당신은 나보다 아름답지만 잠들지 못하는구나, 공감할 수 없으면,

도무지 사랑할 수가 없잖아요.

나는, 그래서 '어디를' 가보고 싶은 게 아니에요. 어디를 '가보고' 싶은 거예요.
약간, 위로가 돼요.

우리를   견디는 늙은 오후의 시간

  나는 당신이 찍은 사진을 보았을 때 당신의 걸음을 알아차렸다. 당신이 사진을 찍은 구도로 사진을 찍으려면 들어가야 하는 골목에 들어가본 적이 있다. 가려고 했던 곳은 아니었다. 다만 지나치게 유명한 라인 강이 있을 따름이었다. 강은 유명하고 그래서 아무것도 흘러가지 않고 사람이 빼곡하게 들어찬 까닭이었다. 사람에 지쳐서 돌아간 혹은 들어간 골목이었다. 나는 당신을 모른다. 인터넷에서 무언가를 검색하다가 당신의 사진을 언뜻 보았을 뿐이

었다. 심지어 나는 장소의 정보를 찾던 중도 아니었다. 사진에는 제목도 없었고 나는 당신의 홈페이지에 적힌 언어가 어느 나라 말인지도 몰랐다. 하지만 나는 당신의 걸음을 알아차린 것이다.

당신도 약간 지쳤을 것이다. 어디든 좋으니까 사람이 없는 곳으로 가고자 옮긴 걸음이었을 수도 있다. 나는 당신과 똑같은 자리에서 찍은 사진이 있다. 다리 밑에는 아무도 없었을 것이다. 당신은 셔터를 누르며 당신만의 비밀이라고 생각했을 것이다. 당신도 혼자였을 것이다. 다리 밑에서 담배를 한 대 태웠을 것이다. 그러나 꽁초를 버릴 데가 없어 약간 망설이다가 바지 주머니에 찔러 넣었을 것이다. 계단을 고르다가 고개 너머 파이 가게를 발견했을 것이다. 파이를 보자, 배가 고프다는 것을 알아차렸을 것이다. 그랬기 때문에 약간 망설였을 것이다. 뒤를 돌아보았을 것이다. 당신만 알고 있는 자리를 자랑도 하고 싶었을 것이다. 내일도 와야겠다고 다짐도 했을 것이다. 당신도 혼자였을 것이므로 당신은 당신의 사진을 찍

고 싶어도 찍을 수가 없어 약간 망설였을 것이다. 당신은 결코 지나가는 사람에게 물어 당신의 사진을 부탁하지는 않았을 것이다. 그러려면 그 골목을 벗어나야 했을 테니까. 우리는 어쩌면 같은 숙소에 묵었을 것이다. 7시부터 시작된 아침 식사를 11시에야 마쳤을 것이다. 오렌지 주스를 세 잔째 마시고 느긋했을 것이다. 어쩌면 나는 내가 매일 앉는 자리에 앉았을 것이다. 당신은 나를 보고 다른 자리에 앉았을 수도 있겠다. 그러고도 가끔씩 나를 흘끔거렸을 것이다. 나는 당신처럼 오래 앉았을 것이다.

당신의 삶, 나의 시선

카메라 렌즈로 여행을 하면 무엇보다 '사람'을 담고 싶다. 화려한 것보다 소박한 것, 거대한 것보다 섬세한 것, 내가 아니면 찍지 않을 것, 나는 열세 살에 나의 짝사랑에 대해 정의한 적이 있다고 한다. 나는 나만을 사랑하는 사람보다 나만이 사랑할 수 있는 사람을 사랑하고 싶어, 높은 것보다는 낮은 것, 깨끗한 것보다는 더러운 것, 여유로움보다는 아등바등, 그래도 가난한 사람들, 이라고 함부로 적어서는 안 되는 사람들. 나는 그게 아름다워서 자주 카메라를 들이대고 싶다. 아니다, 카메라가 거추장스럽다. 아니다, 이야기도 연민도 없이는 그들을 담을 수 없는 내가 거추장스럽다. 벗어버리고 싶어.

묵직한 카메라를 손에 쥔 채 감히 뷰파인더는 가까이 대지도 못하고 액정을 확인하는 척하면서 허리께 놓인 렌즈를 슬며시 돌려보기도 하지만 셔터는 누르지 못한다. 나는 아프리카의 불행으로 친구와 다툰 적이 있다. 친구에게 말했다. 아프리카의 불행을 과장하지 마라, 그들에게는 그들의 행복이 있을 텐데 우리의 연민으로 그들의 행복을 축소해버려서는 안 되는 것이다, 그것이야말로 그들을 기만하는 거야. 그러나 나는 한 번도 그렇게 배고파본 적이 없었다. 달려가지 않을 발바닥으로 눈물을 흘리지 말자.

카이로에서 일을 할 때의 일이다. 무덤 위에 세워진 마을을 지나가는 길에 버스가 잠시 멈췄다. 기사는 기도를 하러 갔고 손님들은 내려 길거리에서 과일이며 음료수 등을 사고 있었다. 왕복 4차선 도로의 가운데에 서서 한 아이가 휴지를 팔고 있었다. 카이로에서는 어린 아이나 미망인들이 나와 휴지를 판다. 나는 사람들에게 쓰레기 시장에 다녀온 이야기를 해준 참이었다.

쓰레기 시장이 있어요. 무엇을 파는 시장이게요. 그래요, 쓰레기를 파는 시장이죠. 목요일이 되면 마을에는 장이 열려요. 우리야 쓰레기 시장이라고 부르지만 사실 벼룩시장과 같은 거예요. 부자들이 버린 쓰레기는 아직 쓰레기가 아닌 것들이 많기 때문에 이것저것 주워다 파는 거예요. 보다보면 꽤 쓸 만한 것도 있고 왜 파는지 머리를 굴려도 도무지 답이 안 나오는 것도 있어요. 전 거기에서 쉐라톤 호텔 일회용 슬리퍼를 사본 적이 있어요. 아마 호텔에서 일을 하는 여자들이 훔쳐오거나 얻어온 것일 테죠. 전 글쎄, 짝이 안 맞는 슬리퍼를 늘어놓고 파는 사람들도 봤어요. 슬리퍼는 쓸 만했지만 한 짝씩이었죠. 안경도 팔더라니깐요. 아뇨, 돈보기도 아니고 진짜 안경을 팔아요. 도수가 맞으면 사가겠죠.

아이에게 오백 원어치 오렌지를 쥐어주고 어머니는 내게 물었다. 저 아이는 지금 무엇을 파는 건가요? 휴지를 팔고 있는 거예요. 자상한 어머니는 굳이 길을 건너가 필요도 없는 휴지를 몇 개 사서 또 아이에게 쥐어주고는 말했다.

"이것 봐. 얼마나 힘들게 사는지. 너는 집에서 엄마랑 아빠가 학교도 보내주고 밥도 먹여주고 그러잖아. 이렇게 여행도 오고 말이야. 이 아이들은 그럴 수가 없어. 아까 누나가 하는 이야기 들었지? 쓰레기를 사서 쓰면서 산단 말이야. 너는 그렇게 공부하기 싫어하지만, 애네를 봐, 애네는 공부를 하고 싶어도 할 수가 없어."

어머니는 힘주어 덧붙였다.

"네가 얼마나 행복한지 알겠니?"

아이는 정말 행복을 깨닫기라도 한 듯 고개를 끄덕였다.

가난을 구체적으로 형상화한 것을 꼽으라고 하면 나는 주저하지 않고 뒤꿈치요, 하고 손을 들어야지. 엄마는 언제나 뒤꿈치가 다 터져 있었다. 엄마는 가난에 비해 지나치게 부지런했다. 그러니 자꾸 뒤꿈치가 틀 수밖에 없었다. 한편 돌아보면 가난한 사람들은 대부분 가난에 비해 지나치게 부지런하다. 나는 가난에 비해 하나도 부지런하지 않은 딸로 자랐다. 당연한 일이었다. 엄마가 지나치게 부지런하면 딸은 부지런할 필요가 없는 법이다. 일어나선 엄마가 떨어놓은 부지런을 꾸벅꾸벅 졸면서 씹어 삼키고 나는 게으르고 게으르게 자랐다. 엄마는 종종 경석으로 뒤꿈치를 문지르며 말했다.

"이런 건 아무것도 아니다. 엄마가 어렸을 땐 말이야. 쌀이 없어서 누가 쌀밥 한 공기를 다 먹는다고 하면 그게 그렇게 부러울 수가 없었다. 못 먹고 사는 거에 비하면 이런 건 아무것도 아니지."

아무것도 아닌 게 아니었다. 나는 불만이었다. 그 시절엔 누구나 다 배고팠다면서요. 적어도 우리 반에 배고픈 아이는 없다고요. 그러니까 새 신을 사줘요, 새 신을 신고 폴짝, 뛸 수 있게. 엄마가 엄마가 되기 전에 가난했던 것은 나에게 아무런 위로가 되지 않아요, 엄마는 뒤꿈치에 물이 새지 않는 새 신을 사요, 나와 함께 폴짝. 나는 간혹 혼란스럽다. 휴지를 파는 아이를 본다. 아이의 행복이 가늠되고 있다. 어쨌거나 엄마는 새 신을 사요, 폴짝 폴짝. 아무것도, 누구도, 저 아이도, 아무것도 아닌 게 아니에요.

나는 얼결에 하나 받은 휴지를 뜯어 땀을 훔치며, 쓰다. 너의 삶은 타인의 행복을 위한 증거로 쓰여서는 안 된다. 나는 너의 삶을 함부로 아름다워해도 될까. 어쩌면 삶을 고스란히 보여줄 수밖에 없는 것도 너에겐 삶이진 않겠느냐고 나는 셔터를 눌러도 될까, 나는 나의 생각에도 화들짝 놀라고, 대신 인사를 건넨다. 언젠가 너와 친해지면 찍어야지. 하지만 나는 너와 친해지지 못하고 날은 몇 년쯤 흐를 것이다. 너의 간절함이 한 번도 나의 여흥이어선 안 된다. 나에게는 나의 가난이 타인의 희망이 되기를 바랐던 어린 시절이 있기도 했다. 그 시절, 나는 동정이야말로 인간이 느낄 수 있는 최초의 사랑이 아니겠냐고 고백하기도 했다. 동정이라도 아쉽던 시절이었다.

세상에 고개를 비집고 첫 울음을 놓으면서부터 처절해서, 처절한 것이 인생 전부인 줄 알고 그러나 그 속에서도 분명 너는 폴짝, 뛰었을 텐데, 나는 혼란스럽다. 탯줄부터 가난하여서 누구나 그렇게 사는 줄 알면 너는, 내가 생각하는 것보다는 조금 덜 배고프지 않을까, 망설인

다. 열두 시간을 넘게 일해도 열두 시간을 먹을 수 없는데 네 시간을 일하고도 스무 시간을 먹을 수 있는 세상이 있다는 걸 네가 모른다면 너는 덜 배고프지 않을까. 신발은 원래 시간이 지나면 뒤축이 헤져서 누군가 그렇게 몇 년을 신는 것이고 원래, 뒤꿈치는 갈라지는 것이라고만 알았더라면, 수영장에서 본 동네 아줌마들의 뒤꿈치가 반질반질하지 않았더라면 나는 엄마에게 새 신을 사라고 소리치지 않았을 텐데, 나는 너를 아름다워해도 될까.

역사를 배우기 시작하면서 나는 곧잘 신기했다. 6·25 때도 아이들이 태어나고 일제 치하에도 아이들은 태어나고 연애도 하고 결혼도 하더라. 그러면 독립이 멀다는 사실보다 그의 눈길이 내게서 멀다는 사실이 서글퍼 눈물 흘린 밤도 있었을 것이다. 전쟁 때도 첫사랑은 아련하고 반찬을 투정하기도 했을 것이다. 전쟁이란 삶을 향한 분투여서 그래서 누구든지 '어떻게든 살아야 한다'는 것 말고는 아무것도 할 수 없을 줄로만 알았는데 6·25 와중에도 학교에 갈 사람은 학교에 가고 사랑할 사람을 사랑을 하고 아이를 낳을 사람은 아이를 낳았다는 이야기를, 동네에 피난 온 사람들에게 밥을 해주었다는 엄마에게서 전해 들었을 때 나는 그만 세상이 혼란스러워졌다. 가난한 사람들, 이라고 함부로 적어서는 안 되는 사람들, 경이로웠다. 결코 먹는 게 전부는 아니다. 너에게도 농담이 있고 사랑이 있고 질투가 있다. 나는 너의 사랑과 농담과 질투를 연민해서는 안 된다, 나는 혹시 너의 삶을 경원하는 것은 아닌지. 누구도 너를 보고 자신의 행복을 실감하지는 않았기를, 가슴을 쓸어내리지 않았기를, 네가 행복의 근거가 되지 않기를, 그러나 나의 생각은 또 누구의 허락을 받을 수 있을는지.

여행을 하면 무엇보다 '사람'을 담는 일이 어렵다.

기다리는 시절

나는 몇 가지를 기다리고 있습니다. 가령 가을보다 봄을 좋아하게 될 시절을 기다립니다. 아픈 것보다 건강한 것의 아름다움을 아는 때를 기다립니다. 밝고 화사한 것을 예찬하게 될 시절을 기다립니다. 보편적이고 상투적인 아름다움에 감탄할 수 있을 시절을 기다리고 어쩌면 통통거리는 그녀의 목소리를 사랑하는 날을 기다립니다. 지나치게 감정적인 것 가운데서도 감정을 찾아내어 공감하기를 기다리고 가령 가을보다 봄을 좋아하는 날을 기다립니다. 이십대를 꾸역꾸역 넘고 나면 나는 조금 목소리가 작아질 것입니다. 독특하지 않아도 개성이 있기를 기다립니다. 오십대가 되어도 내가 더이상 젊지 않다는 것에 슬퍼하지 않을 날을 기다립니다. 혁명을 꿈꾸지 않을 시절을 기다립니다마는, 나는 아직 혁명을 일으킨 적도 없다는 사실을 잠시 잊었습니다.

그렇군요, 모든 것은 혁명 때문입니다. 나는 혁명을 일으킨 적이 없기 때문에 혁명을 꿈꾸지 않는 시절을 맞아들이지 못하는 것인지도 모르겠습니다.

작년 한 해는 혁명으로 동네가 넘쳤습니다. '중동의 봄'이 지나갔고 꽃이 피고 어제는 새로운 대통령이 연설을 했습니다. 사람들은 좋아하거나 무심했고 나는 대통령이 누구든지 먹고 살기 힘들 것이면서 대통령을 왕처럼 귀히 여기던 어머니를 잠시 생각했습니다. 가끔 청년들과 노인들과 아이들과 친구들과 이야기를 하다보면 나는 무지합니다. 아픔 앞에 무력하고 나는 얼마나 더 아파야 그들을 가늠할 수 있을지 상상이 되지 않습니다. 가만히 고백하는 것입니다. 미안합니다. 상상이 잘 되지 않습니다, 당신만 아파서 미안합니다, 할 수밖에 없다는 사실이 나를 조급하게 만듭니다. 어머니는 무엇을 기다렸을까요.

　오만하지 않도록, 타인의 오만에 대하여도 오만하지 않도록, 시절이 오기를 기다립니다만, 그것은 시간이 지나 저절로 왔으면 좋겠습니다. 오만하지 않기 위해 노력을 할 마음도 들지 않는 까닭입니다. 트럭이 시동을 켜는 소리가 들립니다. 창문을 열지 않아도 먼지를 상상할 수 있습니다. 트럭을 모는 사람들은 남들과 다른 성량을 지니었습니다. 그것은 길 위에서 낮과 밤과 가을과 봄을 겪은 자만이 낼 수 있는 데시벨로 고독합니다. 인가도 없고 이야기를 할 상대도 없이 룸미러에 걸어놓은 방향제가 오른쪽으로 왼쪽으로 달랑거리는 정도로 소리를 지릅니다. 삶의 무게입니다. 내가 어른이 되면 오만하려고 해도 오만이 수치스러워 오만하지 않는 날이 왔으면 좋겠습니다. 그렇더라도 오만하던 지금에 대해서는 오만하지 않았으면 좋겠습니다. 나는 이미 오만을 건너온 나이가 되더라도 젊은이의 오만에 대해 오만하지 않았으면 좋겠습니다. 시간이 지나고 나면 너는 자연스레 오만하지 않게 될 것이다, 라고 예언하지 않았으면 좋겠습니다. 나는 그때가 되어도 당신의 오만에 귀를 기울일 수 있기를 바랍니다. 모든 것은 길 위에서 이루어질 것입니다.

　아저씨는 내비게이션 같은 것이 없던 시절에도 갈 길을 찾아 갔고 어디에 휴게소가 있는지 정확하게 알고 있었습니다. 그래도 새로 생긴 휴게소에 대해서 궁금해했으면 좋겠습니다. 나는 조금 더 확고해지길 간절히 바랍니다만, 확고하지 않은 대화를 나누는 사람으로 성장하였으면 좋겠습니다.

　아름답게 성장하여 너그럽게 나이를 먹었으면 좋겠습니다. 그래도 '너는 열 명의 아군을 만드는 것보다 한 명의 적군을 만들지 않는 게 중요하다' 라는 말씀에는 '싫습니다. 저는 천 명의 아군을 만들어 백 명의 적군을 무찌를 거예요' 라고 대답하고 싶습니다.

　보영 언니는 이모에게 둘만의 언어로 '곱게만 늙어 달라' 고 했답니다. 이모는 언니의 부탁을 잘도 들어주었습니다. 언니의 '곱게' 에 대해 물어본 적은 없지만 일반적인 의미와 그간 언니와 우리의 애정을 생각해보면 다만 지금처럼만 있어 달라고 하는 말이었을 겁니다. 우

리는 언제나 이모에 만족했으니까요. 이모는 어른처럼 욕심 부리지 않고 어른처럼 서러워하지 않았지요. 게다가 이모는 외모도 곱지요. 예순이 넘도록 로션 하나 바르지 않고도 이모는 누구나 탐내는 피부를 지녔습니다. 나는 어디 가서 피부가 좋다는 말도 안 좋다는 말도 듣지 않은 채로 여드름 대신 주근깨가 난 이십대의 피부로 이모의 얼굴을 가만히 쓰다듬어봅니다. 이모는 분명 나보다도 곱습니다, 오만하지도 않지요. 착하게 사는 것을 최고의 미덕으로 아는 이모는 언니의 부탁을 참도 잘 들어주었죠.

나는 나의 예순을 생각합니다. 잠이 잘 오지 않습니다. 예순이 넘어 나는 간혹 그래도, 걸었으면 좋겠습니다. 치기를 잃지 않았으면 좋겠습니다. 어디를 위험하게 함부로 쏘다니냐, 겁도 없이. 누구에게 욕을 좀 먹었으면 좋겠습니다. 길에서 만난 친구와 약속을 했습니다. 우리는 아들과 딸을 낳고 그 아들과 딸이 친구가 되고 나는 이집트에 와서 손주들을 쓰다듬어줄 것입니다. 둘은 말도 통하지 않고 생김도 다르니 처음에는 서로를 경계할 것입니다. 그래도 밥은 함께 먹겠지요. 나의 손주는 투정을 좀 부릴 수도 있겠습니다. 여태껏 구경도 해보지 못한 것을 먹으라고 쥐어주니 말입니다. 헛바닥에 설어 몇 번은 뱉어내겠다며 투정을 할지도 모르겠습니다. 그때까지도 샤르하와 나는 서로 다른 음식을 먹고 늙어갔으면 좋겠습니다. 당신과 나는 구경도 하지 못한 음식을, 꼭, 여기에서만 먹을 수 있었으면 좋겠습니다. 그래도 사실 나는 나의 예순을 생각하면 잠이 잘 오지를 않습니다.

언니는 이모가 곱게 살아내기를 바랐고 나는 나의 서른을 놀라워하지 않기를 바랐습니다. 누군가 스물이라고 말했을 때, 스물이라니 부럽다, 라든지 너도 이제 금방 서른이 될 거라고, 언제까지 스물은 아니라고 말한다든지, 뭐 그런 상투적이고도 몰이해한 말은 하지 말아야지, 결심했습니다, 나의 스물에. 나는 그런 말을 들은 적이 있습니다. 어머, 스물이라니! 부럽다, 얘.

스물이, 서른에 바라보는 스물의 매력 같은 것을 알 리가 없으므로 그런 말은 무의미합니다. 그런 말을 들어봤자 자랑스럽지도 않아요, 기분이 좋지도 않습니다. 그래요, 나는 스물

입니다. 이건 당신이 3월 태생이고 나는 1월 태생인 것과 다르지 않아요. 당신은 당신의 서른을 부러워하세요.

그리고 나는 이제 내가 서른이 될 것이라고, 어젯밤 먹다 남은 치킨을 씹으며 생각했습니다. 치킨은 퍼석해졌고 나는 목이 멥니다. 내가 생각한 서른이 아니기 때문입니다. 서른이 되면 미래를 걱정하지도 않고 행복을 기다리지도 않을 줄 알았습니다. 서른이 어떻게 그냥 서른이 되나요, 서른이 되면 지구가 멸망까지는 않더라도 적어도 어디에서 유성 하나쯤은 떨어져야 되는 거 아닙니까. 그래도 서른이 되겠죠. 서른이 되어도 유성은 떨어지지 않겠죠, 달이나 떠주면 감사합니다. 나는 열여섯부터 서른을 기다렸습니다. 나의 서른이 얼마나 완고할 것이며 확신에 차 있을지 상상하는 것으로 견디어냈기 때문에 나는 여전히 완고하지도 않고 확신에 차 있지도 않은 채 스물아홉이라니, 이럴 수가.

분명 나는 완고하지도 못하고 세상은 두렵고 나는 걸음마다 긴장하지만, 그래도 나는 조금 유연해졌습니다. 긴장을 숨기지 않겠어요. 두려움을 겁내지 않겠어요. 나는 긴장할 수도 있다. 나는 두려워할 수 있다. 나는 룸미러에 달린 빛바랜 방향제를 보면서 나에게 놀랍니다. 기우뚱기우뚱 경쾌하게 나는 치기를 사랑하고 상념이 그리워서 허공에 붕붕 떠 하늘이나 밟고 다니고 그래도 당신은 당신의 지난한 엉덩이를 겁내지 말아요.

서른이 된다고 생각하면 말입니다. '보이는 나'와 '바라보는 나'가 조금씩 화해하는 기분이 듭니다. 그들이 좀더 친밀해졌으면 좋겠습니다. 나는 '보이는 나'와 '바라보는 나'가 어제보다 친밀한 세상에서, 타인의 스물을 결코 부러워하지 않고
여든처럼 아름다운 할머니에게 입을 맞추고
그러니까 가령 봄과 봄과 봄이 연달아 나는 봄을 사랑하는 시절을 기다리고 있습니다.

오늘은 쓸모없는 것을 사고 싶어

　작은 액자가 달린 귀걸이를 산 적이 있다. 런던에 살 때였다. 동네 어느 집 마당에서 열린 중고 시장에서 산 것이었다. 사람들은 집 창고를 열어 이것저것을 판다고 마당에 장을 벌이곤 했다. 이사를 할 때 많이 열었지만 굳이 이사까지 하지 않아도 휴일이면 어렵잖게 볼 수 있었다. 아이가 커서 안 쓰게 된 장난감, 대학을 졸업한 아들의 교재, 안 쓰는 액세서리 같은 것을 두서없이 팔았다. 나는 그 안에서 그들의 삶을 가늠할 수 있다고 만족스러워하기까지 했다. 무엇을 내놓는가에 따라 어떤 사람인지 상상했다. 새로산 CD라든지 누렇게 바랜 책이라든지 취향을 마당에 널어놓았다. 나는 어느 집 마당에서 90년대 우리나라 가수 '심신'의 레코드를 본 적도 있다. 사지는 않았다. 나는 내가 산 것들을 한국으로 넘어올 때도 꾸역꾸역 다 싸서 가져왔는데 그 귀걸이만큼은 어디로 갔는지 기억이 나지 않는다. 귀걸이 안에는 어떤 여자의 사진이 담겨 있었다. 손톱만하게 웃고 있었다. 처음에는 당연히 모델이라고만 생각했다. 하지만 나중에 오래 들여다보고서야 모델이라기엔 어눌하게 해사하다고 생각했다. 게다가 옆면을 보니 사진을 끼워넣을 수 있도록 틈이, 그러나 자세히 보지 않으면 알 수 없을 정도로만 벌어져 있었다. 그녀가 모델이 아닐 수도 있다는 생각을 하자 귀걸이가 불편해졌다. 걸고 다니기엔 쑥스럽고 걸지 않기엔 아쉬워서 어딘가 잘 두었는데, 어디에 잘 두었는지 기억나지 않는다. 잘 둔 것들은 정말 잘 놓여서는 잘 두었다는 것만 잘 기억나는 법이다.

　나는 여행지에 가면 중고 시장은 꼭 찾아간다. 여러 시간을 아울러 펼쳐놓은 것이니만큼 다양하고 독특한 제품이 많아서 좋다. 중고 시장에는 의류 제품이 단연 많지만 오래된 코카

콜라 병이라든지 한정판 제품의 포장 박스 같은 것도 판다. 쓸데없어서 새것을 사기엔 망설여지지만 갖고 싶은 것을 사기에도 제격이다. 쓸데없는 것을 사면 나는 어깨가 으쓱해진다. 삶이 너그러워지는 것이다. 굳이 여행은, 쓸데없어서 환상적이고 가끔씩 걸어 쓸데없는 물건을 사고 나면 부유富裕해진다. 이제는 어디에 꽂을 수도 없는 다이얼식 빨간 전화기, 금으로 도금한 날개 달린 돋보기, 어떤 음악이 담겼는지는 모르지만 재킷이 마음에 드는 CD, 짝이 없는 구두, 누군지 모르는 아름다운 여자의 사진, 읽을 수 없는 언어로 적힌 책.

이방인 　놀이 1

한창 걷다가 해야 할 일을 놓친 것처럼 뒤를 돌아본다. 잊지 말고 나는 걸음을 되짚어볼
것. 오래 바라보고 걸어왔는데도 길이 한참 다르다. 오른쪽에 놓였던 빵집이 왼쪽으로 왼쪽
에 놓였던 꽃집이 오른쪽으로 놓이는 것뿐인데도 생경하다. 심장이다.

이건 심장 때문이다. 심장이 놓인 방향이 바뀌었으니 풍경은 새롭게 뛰고 식당에서 덜그
럭거리며 한창 식사를 준비하는 냄새가 난다. 나는 이 걸음을 잊지 말아야겠다.

이방인 놀이 2

모국어를 떠나서야 아, 떠나 왔구나, 간판을 보면서 느낀다. 그래서 나를 고국으로 돌아오게 하는 것은 음식이나 사람이 아니라 '간판'이다. 한국어로 된 간판이 그리워질 때쯤 돌아오는 것이다. 아직까지 우리나라에 한국어로 적힌 간판이 많이 남아 있어 다행이다. 그렇잖으면 나는 좀더 방황할지도 모른다.

간혹 퇴근길, 버스 차창에 머리를 텅텅 박으면서 나는, 간판 때문에 도무지 꼼짝할 수가 없는 것이다. 스쳐만 가도 무슨 말인지 알아버리는 언어를 참을 수가 없다. 떠나야겠다.

눈을 감았다가 뜨자. 아무것도 읽지 말자. 라오스 어디쯤 내려서 어디가 식당인지조차 알

수 없던 마을의 골목을 생각하자. 언어가 아닌 것으로만 이해하자. 오세오 안과, 중앙 컴퓨터 아트 학원, 윤정섭 성형외과, 연세 수 치과, 커핀그루나루, 미 약국을 오래 바라보자. 자주 나를 낯설게 하자. 자동차 틈을 지나가다 언뜻 내 얼굴을 차창에 비추어 보았을 때처럼. 이게 정말 나인가, 실감하지 못해야지. 의미를 받아들이지 말자. 안과, 안과, 안과, 안과, 안과 하면 이게 정말 눈의 질환을 치료하는 곳인지 안과 밖인지 혼재되다가 의미가 사라지는 순간까지 막연히 발음해보자. 안과안과안과안, 우주를 상상하자. 광활한 곳 어딘가 점을 응시하자, 푸른 별이라는 지구가 있고, 그 속에 대한민국이 있고, 대한민국에 서울이 있고, 스크롤을 돌려 점층적으로 가까워지자. 서울이 있고 서울에 내가 있을 생각을 하면 안과안과안과안 의미가 사라진다. 실감을 잃으면 나는 좌석에서 엉덩이가 뜨는 기분이 든다. 약간 올라가는 나를 상상한다. 머리가 버스 천장을 뚫고 올라갈 때쯤, 눈을 뜬다. 오, 중, 앙, 윤, 성, 수, 커, 루, 볼 수는 있지만 읽을 수는 없을 때까지. 부유하는 나는 아래를 내려다보지도 말자. 나는 이국의 언어를 상상하여 뜯어 붙여야지.

툭.

이방인　놀이 3

비엔나 서역에서 여자는 지도를 말아 쥐고 울고 있었다. 나는 일부러 다른 볼일이 있는 것처럼 여자를 서성거렸다. 여자는 계단에 앉아 무릎에 고개를 박고 지도를 늘어뜨렸다. 나는 안절부절못했다. 그사이 샌드위치도 하나 사고 전철 노선도를 하나 사고 여자의 옆 계단을 오르기 위해 티셔츠도 하나 샀는데 여자는 여전히 울고 있었다. 여자의 주먹 너머로 지도의 귀퉁이가 바람에 낡아가고 있었다.

나는 처음에 여자가 길을 잃었다고 생각했다. 그러나 나 또한 길을 알려줄 수 있는 처지는 아니었으니까 몇 번쯤 더 여자를 서성이다가 트램을 탔다. 말을 걸 수도 없고 말을 걸 것도 아니면서 여자를 훌쩍 떠나는 게 어쩐지 힘이 들었다. 나는 창밖으로 여자를 몇 번쯤 더 힐끔거렸고 이내 알 수 없는 거리를 달리는 트램 안에서, 그래도 눈물은 나지 않았다.

여행을 마치고 돌아온 나는 퇴근길 지하철역을 지나치는 버스에 앉아 창에 머리를 기대고 찬 기운에 머리통이 불편하다. 무엇을 하는 곳인지 뻔히 알 수 있는 간판을 흘려보낸다. 나는 여자가 길을 잃었던 게 아니라는 확신이 든다. 나는 여자에게 독일어로 말을 걸어야 했을 것이다. 여자는 나보다 서역을 잘 알고 있었을 것이다. 나는 지도를 쥐고 싶어졌다. 조금 눈물이 났다.

Part 6

외로움을 잊거나 해소하거나 잃거나 이기기 위
해서 내가 소비한 것들에 대해 생각한다. 나는
외로워서 많은 음식을 한꺼번에 먹으며 아무것
도 생각하지 않으려고 한 적이 있다. 한 번에 만
원이나 이만 원쯤 썼을 것이다. 나는 그것을 벌
기 위해 내가 씹어 삼킨 것보다 긴 시간을 일했
을 것이다. 나는 친구나 친구가 아닌 사람들을
만난 적이 있다. 만남에서 삼사만 원쯤 썼을 것
이다. 나는 내가 만나서 웃어버린 시간보다 더
오래 손이 부르텄을 것이다. 나는 외로워서 처녀
를 버린 적이 있다.

노래를 불러요

세상에는 잘하고 싶은 게 많겠지만 그중에서도 나는 노래를 잘하고 싶었다. 이제와 고백하자면 사실 나는 노래를 잘한다고 초등학교 4학년 때까지 믿었다. 아직 교회를 다니던 시절이었다. 성가대에서 잘리는, 아무나 할 수 없는 경험을 하기 전까지였다. 그건 내 인생 몇 번째쯤의 배신이었다. 내가 솔이라고 믿고 낸 솔이 솔도 파도 하물며 라도 아닌 어느 지점 즈음이라는 걸 인정하는 건 생각보다 쉬운 일이 아니다. 내가 '솔'이라고 느끼는 것과 사람들이 '솔'이라고 느끼는 게 다를 수 있다는 걸 이해한다면 내가 음치라는 걸 받아들이는 게 쉬웠을 것이지만, 그게 가능했다면 나는 음치가 아니었을 것이다. 그래도 음악이 좋았다. 어쩌면 또래보다 일찍 꽂고 다닌 이어폰 때문일지도 모르겠다. 하루에 세 시간씩 통학을 해야 했던 시절, 이어폰을 꽂고 버스에 앉아 소리 없는 소란을 보는 게 좋았다. 눈에 보이는 세상은 앞에 있는데 내 머릿속에는 눈앞에 있는 사람들이 상상도 하지 못할 소리의 세계가 진동하는 기분이 좋았다. 오른쪽과 왼쪽에서 빠져나온 소리는 머릿속 가운데에서 만나 서로 부딪고 양옆으로 흩어져서는 머릿속을 헤집고 돌아다니는 게 좋았다.

노래가 도저히 안 되겠다면 춤이라도 잘 추고 싶었다.

언어가 다른 우리 둘이 마주 앉아 나는 당신에게 노래를 불러주거나 함께 춤을 추거나 당신을 그려주기라도 하고 싶었다. 언어가 아닌 것으로 할 수 있는 것이라면 무엇이든 하나쯤 잘하고 싶었던 것이다.

애석하게도 나는 말만 잘했다. 말을 하는 일이라면 자신 있었다. 그래서 도무지 말이 안

통하고.

　물론 노력을 하지 않은 건 아니었다. 나는 피아노를 무려 칠 년이나 배워 바이엘을 뗐다. 남들은 삼 개월이면 배울 수 있다는 교재였다. 모르긴 몰라도 바이어Ferdinand Beyer가 바이엘을 작곡한 것보다 오래 걸리지 않았을까 싶을 지경이다. 미술은 사 년이나 배워 끝내 선이나 그을 줄 알 뿐이었다. 처음 삼 개월 동안은 꼬박, 정말 선만 그었다. 춤은 배워보지 않아도 알 수 있었다.

　룬을 만난 건 비엔티안의 절이었다. 워낙 절이 많은 나라라 대충 숙소 근처에서부터 닿는 데까지 산책을 나온 길이었다. 룬은 왓 짠따부리에 살고 있었다. 입장료를 받는 곳도 아니었고 누가 지키고 선 것도 아니어서 머쓱하게, 쫓겨날 때까지 있어봐야지 하는 심산이었다. 그런데 사당을 돌아서자 희미하게 힙합 음악 소리가 들리는 게 아닌가. 나는 몰래 들어온 걸음이라는 걸 잊고 어디에서 소리가 나는지 뒤졌다. 살금살금, 예의를 담은 정도의 인기척을 내며. 사당 뒤로 있는 승려들의 숙소였다. 룬은 불경스럽지 않을 정도의 볼륨으로 힙합 음악을 들으며 무언가 끼적이고 있었다. 랩 음악을 듣기 위해 영어를 공부

하는 중이라고 했다. 한국에서 왔다는 말에 한국 가수 '비'를 가장 좋아한다며 너는 '비'를 본 적이 있느냐고 물었다.

"비? 물론 보았지. 텔레비전에서."

함께 웃고 약간 시무룩해져서는 그럼 '베이비복스'를 본 적이 있느냐고 묻는데, 이걸 어쩐담.

"베이비복스, 본 적이 있지. 비를 본 곳에서."

룬은 우돔싸이에서 왔다. 학교를 다니려면 돈이 많이 드는데 승려가 되면 공부를 시켜주니까 수도인 비엔티안에 왔다고 했다. 그가 마지막으로 우돔싸이에 간 건 이 년 전이었다. 우돔싸이는 제법 큰 도시라고. 게다가 교통의 요지여서 라오스의 어디로든 갈 수 있다고. 그 반대는 도무지 쉽지 않은지 룬은 청소년이라기에도 청년이라기에도 어색한 열여덟로 자라고 있었다. 룬은 조카들에게 소식을 전해달라며 주소와 전화번호를 주었다. 나는 잘 지낸다고 전해줘. 보고 싶다고 전해줘.

우돔싸이는 그의 말대로 작지 않은 동네였지만 온 마을이 한 가족인 것처럼 나는 조카들

의 손에 끌려 온 동네 친척들을 다 만나고 다녔다. 너른 논이 비를 머금고 펼쳐져 있었다. 농
사는 가족들이 모여 짓는다고 했다. 아이들의 손을 잡고 논둑을 건너 할머니를 만나러 갔다.
할머니 집쯤에선 제법 가계도도 그릴 수 있게 되었다. '마마'와 '파파'만 갖고 가계도를 그
리는 일은 복잡해 보이면서도 간단했다. 사람이 직접 일어나 움직이면 되는 것이고 사람이
직접 일어나 움직여야 하는 것이었다. 나란히 서서 손가락으로 자기들을 훑어가며 마마, 파
파 하면 같은 부모에게서 났다는 이야기다. 끄트머리에 있던 여자가 옆으로 한 걸음 옮겨 빈
자리를 만들고는 '룬' 했다. 그는 넷째였다. 할머니를 할머니라고 알려주려면 엄마부터 데려
와야 해서 아이들은 더욱 분주했다. 셋째 누이는 일어서서 한 남자에게 다가가 자신을 가리
키며 마마, 남자를 가리키며 파파 한다. 둘이 결혼했다는 뜻이다. 웃음이 바람처럼 벼 위를
가볍게 지나갔다. 산뜻한 소란이 일었다.

　라오스에서는 손님이 오면 실로 만든 팔찌를 채워주는 풍습이 있다. 불교가 국교인 나라
이니 인연의 끈을 묶어준다는 의미 같은 게 아닐까 싶었지만 할머니를 한번 부르려면 엄마
가 와야 하는 마을에서 '인연'은 물어볼 엄두가 나지 않았다.

나는 내가 그림을 잘 그리는 꿈을 꾸었다. 하다못해 노래라도 잘하는 꿈을 꾸었다. 무엇이라도 해주고 싶은데 나는 할 줄 아는 게 말밖에 없어서 나는 대신 그들의 이름을 기억하기로 했다. 이름을 하나하나 종이에 적었다. 룬, 쀏, 리우, 미우, 굵게 선을 그려 쓰고 색색으로 칠을 해서 건네주며 이름을 크게 불러보았다. 미우는 아무리 돌려봐도 미우 같지 않은지 위도 아래도 없이 돌려보고 흔들어보고 씽긋 웃는다. 너는 정말 아름답다고, 너에게 정말 고맙다고 연달아 말했다. 하지만 잊지 못할 것이라는 말은 배워오지 않아서 나는 잊지 못할 것이라고 말하는 대신 혼자, 잊지 않겠다고 다짐만 할 수밖에. 노래라도 한 곡 불러주었더라면 환희는 전달이 될 수 있지 않았을까, 나는 거리의 악사를 보면 질투가 난다.

시리아 사람들은 한국에서 왔다고 하면 북한에서 왔느냐고 먼저 묻는다. 시리아에는 대한민국 대사관은 없고 북한 대사관만 있다. 처음에는 아니라고 남쪽에 있는 한국에서 왔다고 대답했지만 나중에는 그냥 그렇다고 했다. 아무려면 어떠냐 싶었고 나는 아직도 '한국에서 왔다'고 하면 '어느 한국'이냐고 묻는 질문에는 도통 익숙해지지도 않고 해서 굳이 먼저 남쪽에 있는 한국에서 왔다고 한 적도 없고 그냥 응, 응, 한국에서 왔어, 그게 그거지 뭐, 한다. 바람이다. 알레포에 닿았을 때는 물러버린 야채처럼 푹 쳐져 내렸다. 더운 바람이 훅 끼쳤다. 다마스쿠스에서 사진을 몇 장 잘못 찍은 바람에 경찰서에서 반⁑ 하루를 다 보내고 알레포에 도착한 참이었다. 다마스쿠스에서는 위험한 산책을 했다. 호텔을 나와 조금 걷다가 바람에도 지치고 택시를 집어탔다. 앞으로 쭉 가줘요. 창을 바라보다가 왼쪽으로 가줘요. 좋은 곳이 있나요. 오른쪽으로 가줘요. 멋모르고 아무렇게 돌아다니다가 어느 동네에 닿았다. 바람도 곱게 불 것처럼 고급스러운 동네였다. 며칠 전부터 약국을 좀 찾던 참이기도 했기 때문에 목이 말랐고 드물게 꽃도 많이 핀 동네였고 걸음은 셔터보다 늦어서 마음이 달떠 여기저기 찍어대고 있던 참이었다. 갑자기 경찰들이 서넛 몰려와서는 카메라를 빼앗더니 뭐라고 말을 하는데 내가 배운 이집트식 아랍어가 아니어서 나는 정말 한마디도 알아듣지를 못하고 이집트식 아랍어로 주섬주섬 나는 여행자예요, 이곳은 예쁘군요, 내 사진에 문제가 있습니까, 나는 어디로 가는 건가요, 그 와중에 그들은 또 내 말을 잘도 알아들었는지 자꾸 대답은 하는데 나는 그 대답을 알아들을 리가 없고 결국 그들은 나를 어떤 사무실로 데려갔다. 나는 그때까지도 내가 어디에 있는 것인지 알 수가 없었다. 사실 지금도 그게 경찰서인지 아닌지는 분명하지가 않다. 경찰서처럼 생기지는 않았는데 그들은 자기가 폴리스맨이라고 했고 또 그들의 오피스라고 했으니 폴리스 오피스, 붙여보면 경찰서겠고, 노 포토, 프레지던트, 노 포토, 정도 했으니 '이곳은 대통령 관저이니 사진을 찍어서는 안 된다' 쯤 되지 않았을까. 사진을 찍지 말라는 팻말 같은 것은 없었거나 있어도 읽지 못했겠지만 어쨌든 좋다, 이거다. 그런데 문제는 내 메모리 카드를 회수해가더니 저들끼리 한참을 궁리하고는 사진을 한 장 한 장 보면서 다 지우는 게 아닌가. 처음에는 그 주변만 지우겠거니 내가 무언가를 잘못 찍었나보다, 하는데 내가 찍은 곳에서 점점 멀어져도 한 장 한 장 다 지우는 것이다. 게다가 나를 불러 밥까지 먹이고도, 한 장 한 장 지운다. 그래, 사진만 빨리 지우고 나가자 하는 참이면 누가 와서 여권을 받아가고 돌려주더니 또다른 사람이 와서 여권을 받아간다. 하려면 한 번에 해, 말은 못하고 마우스는 호텔에 도착했는데도 사진은 한참이나 남았고 결국 호텔 내부를 찍은 사진까지 다 지우고서야 풀려났는데 그게 벌써 한 여섯 시간쯤 지나 있던 참이었다. 한국 대사관이 없다는 사실을 여섯 번쯤 상기했고 나는 나에게 속삭여주어야 했다. 사람이 사는 곳이다. 여기도 사람이 사는 곳이다. 내 사람의 상식이 이곳에서도 통할 것이다. 믿음이 약간 흔들리고 시리아에는 한국 대사관이 없고 터키가 가까울지 요르단이 가까울지 계산해보고, 그러고도 여기도 사람이 사는 곳이지, 나에게 밥까지 주었잖아, 눈물이 찔끔 날 때쯤 가도 좋다고 했다. 한 사흘 치 길이 다 지워진 참이었다. 경찰들은 나를 문 앞까지 데리고 가서 택시까지 태워 보냈고 나는 다마스쿠스가 약간 무서워져서 예정보다 이르게 알레포에 도착했다.

"나는 내일 결혼을 할 거야. 내 결혼식에서 노래를 불러주면 오늘 하루종일 공짜로 택시를 타게 해줄게."

자꾸 택시를 타라는 바람에 나는 돈이 없어서 택시를 못 탄다고 손을 휘저었다. 더이상 부르지 않을 줄 알고 너스레를 떨었는데 청년은 한술 더 뜬다.

"너는 노래를 잘하니? 우리는 노래를 부르고 춤을 추고 결혼을 할 거야."

이쪽 사람들은 하루종일 피로연을 한다. 저녁에는 행진을 하고 밤이 되면 여자 하객과 남자 하객이 나뉘어 춤을 추고 노래를 부르고 신랑 신부와 사진을 찍는다. 피로연을 마치고 나

면 과연 피로해질 수밖에 없는 결혼식이다.

"나는 너의 결혼식에서 노래를 부르고 싶어. 그건 굉장히 영광스러운 일이지. 그러나 아쉽게도 나는 노래를 잘 못해."

청년은 눈을 홉뜨고 나를 향해 넉살 좋게 웃는다.

"넌 노래를 굉장히 잘 부를 것처럼 보이는걸. 자, 그럼 이제 노래를 해봐."

청년이 말을 거는 사이에 동료 택시 기사들이 몇 모여 나를 에워싼다. 나는 분명히 노래를 못하고, 그래서 이렇게 생각하기로 한다. 그래, 내가 음이 틀리더라도 저 사람들은 내가 음이 틀린 줄을 모를 거야, 원래 그런 노래라고 생각하겠지, 나는 내 맘대로 일단 불러놓고 이건 한국의 음악이라고 우기자.

마주치는 눈빛이~ 무엇을 말하는지~, 나는 노래를 잘 못하니까 부를 줄 아는 노래도 없고 가사를 잘 외우지도 못해서 노래방에서 분위기나 띄우려고 부르는 몇 소절을 불러댔더니 이건 웬걸, 합격. 꼭 자신의 결혼식에 와서 노래를 불러야 한단다. 인샬라, 신의 가호가 있기를.

　낮부터 무엇을 불러야 할지 밥도 잘 넘어가지가 않는다. 걸음마다 아는 노래를 떠올린다. 내가 뭐라고 남의 결혼식을 망치나, 나는 왜 오케이를 한 건가, 왜 나는 이렇게 자라고도 아직 일부터 저질러놓고 그걸 수습하면서 아등바등 살고 있는가, 이건 인생까지 통틀어 후회할 지경이다. 결국 가사를 처음부터 끝까지 아는 노래, 하니까 애국가만 떠오르다가 문득 한 곡, 에라, 모르겠다. 이젠 무엇을 입어야 할지 분주하다. 그래, 내가 결혼을 할 것도 아닌데 뭐 얼마나 예쁘게 입으려고 이러나, 그래도 도무지 마땅찮았다. 결국 신부의 친구의 옷을 입고 들어서서, 무더기로 나와 춤을 추거나 혹은 한 사람이 노래를 부르거나 결국 내 차례가 왔고 나는 마이크를 쥐고 살며시 떤다.

　이건 한국의 '일종의' 전통 노래입니다. 남자와 여자의 아름다운 사랑이에요. 오늘밤 부부가 된 당신들의 미래를 축복하면서 노래를 부를게요.

　언제나 찾아오는 부두의 이별이 아쉬워 두 손을 꼭 잡았나…… 떠나가는 남자가 무슨 말을 해…… 아주 가는 사람이 약속은 왜 해. 눈멀도록 바다만 지키게 하고. 사랑했었단 말은 하지도 마세요~

　'축가' 에는 '축하' 의 의미를 담는 것이 가장 중요하다면 나는 그들에게 충분한 노래를 불러주었을 것이다. 우리나라 노래여야 하고, 가사를 끝까지 알아야 하니까 애국가를 부를 생각도 해보았다. 하지만 결혼이었고, 그러니까 어떻게든, 노래는 사랑도 해야 했고, 언젠가 그들이 한국인 관광객을 만나 동영상을 보여준다면, 아아, 그러나 당신도 그들을 축복한다면 나의 작은 비밀을 지켜주길 바랍니다. 부디 그들의 미래에 사랑과 행복이 오래하기를, 인샬라.

나는 그대의 새로운 연인

우리는 비늘의 바깥에서 사랑을 나눈 적이 있다 그때 당신은 제법 의젓했고 나는 숙녀였지
밤이 풍기는 냄새는 죄다 익숙해서 나는 그만 당신과 냄새를 혼동한 적이 있다
고, 나는 고백하지 않을 수 없다 고백하지 않는 것이 불가능하다

잠에 드는 것은 언제나 어렵지만 일어나는 것은 그보다 어렵다 그렇기 때문에
밤이 풍기는 냄새를 혼동한 적이 있다고 고백하지 않을 수 없는 것이다
잠에 드는 것이 어려운 사람일수록 일어나는 것은 그보다 어려운 법이다
아무리 멀리 떠나와도 밤은 냄새가 같고 나는 울루물루의 밤에서 한국의 외로움을 생각
하고

잿빛이나 물빛이나 올리브빛을 쓰지 않고도 아름다울 수 있다면
쓰지 않고도 아름다울 수 있다면.

나는 그대의 새로운 연인, 나는 그대의 새로운 소통이고자 했죠. 그러나 그대는 단숨에 나
의 기저를 파고들려고 하죠. 그래서는 안 돼요, 나는 그대의 새로운 연인, 나는 그대의 새로
운 소통이고 싶죠. 나는 당신의 외로움을 절대로 이해할 수 없어요. 우리는 외로움에 대해 이
야기할 때마다 웃으며 거짓말을 하는 것 같아요. 여행을 하는 건 좋죠. 붉은 구름이 오롯이
나를 억누르고 나는 울 수도 웃을 수도 없어요. 손가락이 네 개인 사람들이 사는 마을에 가서
외톨이가 되고 싶어요. 그러면 나는 내 다섯 개의 손가락이 슬퍼지고 다섯 개의 손가락이 슬

퍼지는 곳에서라면 행복해질 수도 있을 것 같죠. 간혹 사람들이 심심하지 않느냐고 물어요. 열여덟, 나는 외롭다는 말 대신 심심하다고 했죠. 다르지 않은 말이었어요, 그땐.

어쩔 땐 글을 쓰자 사람들이 손을 내밀었어요. 사람들은 속내를 까보이며 다가왔죠. 나는 당황했어요. 친근하게 손을 건넸죠, 친근한 손을 건넸어요. 나는 반갑게 손을 잡았지만 몰랐을 거예요, 나는 순박을 덕지덕지 발라 인사했어요. 오, 그래요. 당신이 나의 강을 건너왔군요. 나는 그런 당신이 얼마나 반가운지 몰라요.

그러나 나는 순수한 사람, 나는 밤마다 나의 순수를 생각하고 괴로워했죠, 오, 그러나 나는 순수한 사람.

당신은 어젯밤 나를 안았죠. 나는 수줍은 척 웃으며 옷을 벗었던가요. 그래요, 나는 옷을 벗었죠. 하지만 당신, 아나요? 이불 속으로 기어들어가기 전, 나는 불을 껐죠. 그러니 당신은, 정말, 나를, 안았습니까? 그대의 온기로 나를 만졌으니 당신은 나를 정말, 안았다고 믿었을 수도 있죠. 이건 방 안에는 우리 둘뿐이었으니, 당신은 불을 꺼도 그것이 나라고 여겼을 테죠. 그래요, 우리는 알고 있어요. 이것은 한낱 농담에 지나지 않습니다. 이건 슈뢰딩거의 고양이도 아니고 우리는 지금 데카르트를 이야기하는 것도 아니니까, 이건 아무런 생산성도 없는 이야기고, 그래요, 나는 당신에게 안겼습니다. 당신의 투박한 손가락 마디가 등뼈를 가만히 쓸어내리고, 나는 그만 울고 싶어졌죠. 세상 어디에도 나를 아는 사람이 없어도 상관없다고 여길 정도로 나는 그만 울고 싶어졌어요. 당신만 나를 온전히 안아준다면, 나는 괜찮아요. 어디까지나 살아갈 수도 있을 것 같았습니다. 그런데 당신은 정말 나를, 안았습니까? 당신이 나를 조금 더 깊숙하게 쓰다듬을 때 나는 엉덩이를 슬쩍 빼고 그래도 당신은 멈추지 않고 당신은 정말 나를, 안은 게 맞습니까? 나를 안은 게, 맞나요?

나는 당돌하며 겁이 많고 그대에게 안기고 싶어 안달하면서 엉덩이를 빼곤 하죠. 나는 순수하며 비열하고 나는 당신의 사랑을 갈구하며 당신의 사랑이 두렵습니다. 나는 돈이 많은 사내를 좋아하며 가난한 사내만을 사랑할 수 있고 나는 둥근 사내를 사랑하며 모진 사내에게만 빠지죠. 그래도 그대가 눈치채서는 안 되는 것이었습니다. 무엇이 안 그래요, 사랑은 하나의 기운, 적당히 가까우면 인력, 더 멀어지면 인력이 미미해지고, 그러나 지나치게 가까워지면 마찰력으로 우린 멀어지더라도, 우리는 호기롭게 웃어버려요. 그러나

당신이 눈치채주지 못한다면 나는 그대의 연인이 될 수 없죠. 말하지 않아도 눈치 챌 수는, 없어요. 그것은 그대의 착각, 나의 환상일 뿐이죠. 말해도 눈치채기 힘든 마음과 마음들, 말하지 않아도 눈치채달라는 것은 그대의 믿음, 나의 오기에 지나지 않죠. 나는 끊임없이 그대에게 말을 걸겠어요. 그래도 그대는 말없이 대답해줘요. 끊임없이 나를 눈치채줘요. 그래도 그대는 눈치채서는 안 됩니다.

나는 그대의 새로운 연인, 나는 그대의 새로운 소통이고 싶죠.

산츠   역에서 만나

여행 중에 샀던 심카드를 하나씩 끼워보았다. 전화번호 사용 기간이 만료되었으니 계속 사용을 하려면 충전을 새로 해야 한다는 메시지가 몰타에서 왔고 잔액이 부족하니 충전을 해야 한다는 메시지가 이집트에서 왔고 사용 지역이 변경되었다는 메시지가 스위스에서 왔고 산츠 역에서 만나자는 메시지가 스페인에서 왔다.

바르셀로나에 두고 온 만남을 생각한다. 두고 온 바르셀로나를 생각한다.
숨이 가쁘다.

일어났을지도 모르는 일을 후회하기보다는 이미 일어난 일을 후회하는 삶을 살자고 결심한 적이 있다, 열 몇 살 때. 하지 말았더라면, 하고 후회하는 삶을 살기로 결심했다. 했더라면, 하고 후회하는 삶보다. 내가 살아내지 않은 시간이 종종 그립다.

번역

　도시를 가면 책을 살 것도 아니면서 서점에 간다. 세상의 서점들은 비슷한 종이 냄새를 풍긴다. 오래된 책에서 나는 달콤한 냄새는 사실 곰팡이 냄새라는 이야기를 들은 적이 있다. 더 좋아졌다. 나는 한때 냄새로 책을 고른 적이 있었다. 무엇을 읽으면 좋을지 내가 무엇을 읽고 싶은지 아직 모르던 시절, 인적이 뜸한 서고에 서서 눈을 감고 책을 꺼내 책장을 열고는 가만히 냄새를 맡아보는 것이다. 오래 꽂혀만 있어서 책머리만 누렇게 색이 바랜 채 푸석거리며 넘어가는 책장이 좋았다. 달큼한 종이 냄새가 나지만 책장을 넘길 때 먼지는 일지 않을 정도. 나는 내가 읽을 수 없는 언어로 쓰인 책장을 넘기면서 내가 결코 알 수 없을 것이 궁금했다.

　당신도 번역된 당신의 단어가 좋을까. 당신이 썼지만 당신은 죽을 때까지 알 수 없는 뉘앙스.

　나는 생뚱맞게도 '바로 왕'이라고 번역되었던 어린 시절 성경을 생각한다. '바로 왕'의 정체는 사실 '파라오'예요. '파라오'를 '바로'라고 음차한 거죠. 그러니까 우리 성경은 '왕왕' 거리는 거예요. 우스갯소리를 생각하며 당신도 번역된 당신의 단어가 좋을까. 당신이 썼지만 당신은 죽을 때까지 알 수 없을 뉘앙스.

　너는 말했다.
　"사정射精을 하면 우주가 느껴져."
　나는 너의 사정事情을 모른다. 나는 사정事情하고 싶다. 나는 사정叀正하고 싶어. 사정射精하고 나면 나는 너를 조금 이해할 수도 있을 것 같고, 가만히 우리 사이에 아직은 우주가 있다는

생각. 그러다가도

　너의 사정도 결국 너의 언어로 번역된 것일 뿐이고 우리는 그래도 같은 우주에 놓여 있다
는 믿음.

최초의　꿈

　내 최초의 꿈은 버스 기사였다. 길 위에서 태어나 트럭들을 바라보며 자랐으니 본 게 그거고 엄마는 판사나 의학 박사가 훌륭한 거라고 하지만 도무지 실감도 나지 않고 버스 기사가 최고였다. 나는 버스를 타는 것이 좋은데, 버스 기사 아저씨는 하루종일 버스에 있는데 게다가 앉아 있고, 그런데도 사람들은 차곡차곡 돈을 주고 창밖으로는 매일을 봐도 매일이 다른 세상이 펼쳐지고, 나는 버스 기사가 되기로 했다. 버스를 일 년쯤 더 타고 나는 같은 이유로 꿈을 버렸다. 매일 다른 세상은 매일 같은 길로 반복되고 나는 몇 번쯤 졸아 버스의 종점까지 가서는 거대한 비밀처럼 빼꼼히 열린 사무실 문틈으로 기사 아저씨들이 요금통을 챙겨가는 게 아니라 사무실 한 가득 차곡차곡 쌓아놓는 것을 보았을 때.

　나는 처음으로 택시를 탔고 이제 택시 기사를 꿈꿨다. 택시 기사 아저씨는 더 돈도 많이 받고 매일 다른 길로 가는데다가 사람들이 타서는 재밌는 이야기도 많이 들려주다니. 세상에 택시 기사만한 직업은 다시 없을 것 같았다. 그걸로 이야기를 쓸 수도 있겠다고 생각했다.

　나는 내가 달렸을 노선을 상상해본다. 들어본 적은 있지만 가본 적은 없는 지명을 소리 나지 않게 발음해본다. 발음하는 것만으로 상상한다. 버티고개, 응봉동, 청구역, 한 번도 가본 적 없는 골목, 골목 너머 높은 아파트 촌 앞에 있는 쓰레기통에서 폐지를 골라내는 할아버지, 할아버지의 뒤로 쓰레기 틈에 끼인 신문, 신문이 깔린 평상이 놓인 슈퍼는 한 달 전 편의점으로 업종을 바꾸었고 주인집 큰딸은 문을 잠그지 않고 외출했다가 혼이 나고 작은딸은 살얼음에 그만 미끄러지는 동네를, 나는 가만히 혀끝에 굴려본다. 상상해도 적을 자신이 없다.

　차라리 나는 '부자'를 누른다. 색 바랜 자줏빛으로 깜빡이며 누렇게 손때가 끼어서는 '부자를 누르세요' 적혀 있던 버저를 꾹 누른다. 아직 버스 뒷자리에 앉아 담배를 피우던 아저씨에 대해 적는 것, 매연이 넓게 퍼지며 시동이 걸리던 버스에 대해 적는 것, 말죽거리에서 11번을 기다리다보면 팔에는 오소소 소름이 돋고 나는 버스 배기통 뒤에 서서 몸을 녹였던 일에 대해 적는 것, 아직도 가을이던 밤, 겨울로 들어서는 비가 내리고 우산도 없이 서 있던 내게 한 아저씨가 당신이 갖고 있던 우산을 쥐어주었던 일에 대해 적는 것을 생각한다. 나는 택시 기사로 살아 세상의 이야기를 다 듣고도 싶었지만 나는 들어서는 감당할 수 없어서 차라리 내려야만 하는 사람으로 자랐다는 생각을 오랜만에 한다.

비

라오스의 하루는 느리다. 사람들은 조곤조곤 즐겁다. 이렇게 느린데도 하루가 꼬박 흐르고 있다는 것이 경이로울 지경이다. 오랜만에 일찍 일어나 식사를 하고 지도를 펼쳐 오늘의 목적지를 주섬주섬 챙겨보다가 그냥 나와버렸다. 아침부터 비가 내리는 통에 시야는 충분히 흐리다. 소나기가 내려 길을 따라 흐른다. 슬리퍼 사이로 진흙이 밀려들어온다. 우산 밖으로 발을 뻗어 진흙을 씻어내지만 몇 걸음을 걷기도 전에 다시 발바닥에 흙이 밟힌다. 가늘고 고운 입자가 발바닥 밑에서 꺼끌거리니 발이 슬리퍼 밖으로 자꾸 미끄러진다. 내 고향을 떠나

와서 '비가 내린다'는 문장을 들으면 런던이 자연스럽게 뚝뚝 떨어지곤 한다. 라오스의 우기에 댈 것은 아니지만 런던의 비는 점잖다. 가랑비에 옷 젖는 줄 모른다고, 옷 젖는 줄 모르니까 괜찮다. 하지만 라오스에서는 우산을 쓰고 거리로 나온 지 얼마 지나지도 않아 벌써 머리카락 끝을 움켜쥐고 물기를 짜내야 한다.

　머리카락 끝을 움켜쥐고 있는데 승려들이 탁발을 들고 무리를 지어 지나간다. 나는 어쩔 줄을 모르고 주머니에 먼저 손을 집어넣는다. 보시를 해야겠다고 생각한 것은 아니었을 것이다. 보시를 해본 적이 있는 것도 아니다. 종교는 나에게 어머니에 대한 예의로만 남아 있을 따름이지만 예의로 남아 있는 까닭에 미안함을 불러일으킨다. 어머니는 나에게 기독교를 가르쳤다. 중동에서 이슬람은 종교가 아니라 생활인 것처럼 라오스도 마찬가지다. 더구나 불교라면 평소에도 신에 대한 종교라기보다 삶의 철학 그 자체라고 생각한 적이 있느니만큼 죄책감은 당치도 않을 것인데도 나는 슬며시 손을 집어넣고는 당최 빼지를 못한다. 홀랑 젖어버린 지폐 뭉치를 만지작거리고만 있다. 신발을 신지 않은 발들이 물가를 다 빠져나가고 있었다. 마음이 발바닥처럼 까슬하다. 발이 슬리퍼 밖으로 쓱쓱 미끄러진다. 승려들의 신발을 신지 않은 발을 건너편에서 천천히 따라 걷는다.

　'과거는 나의 취향'이라고 적은 적이 있다. 승려의 발이 물웅덩이에서 철퍽거릴 때마다 나는 나의 취향이 조금씩 젖는다. 시간이 탁발을 들고 있는 동자승의 나이에 어울리지 않는 손등처럼 사박사박 지나간다. 과거가 조금씩 씻겨나가면 나는 약간 마르기도 할 것이다. 그러니 오후에는 해가 떴으면 좋겠다. 주머니에 있던 지폐를 한 장 한 장 꺼내 곱게 말릴 것이다. 내일 아침에는 비가 와도 괜찮겠다. 나는 비닐에 담은 지폐를 쥐고 라오스 사람들 사이에 모르는 척 앉아서 탁발에 손을 내밀 수도 있을 것이다. 마음이 조금 열리고 메콩 강 물이 흘러 들어오면 나는 여행을 하면서 배우는 것보다 씻기는 게 많아 꽉 찬 듯 뿌듯해지기도 했으면 좋겠다.

So Far, So Good - 상하이의 아홉시

상하이에서는 성실하게도 아홉시만 되면 호텔로 돌아갔다. 호텔 앞에 있는 재즈 바에서 순회공연을 하는 밴드가 매일 아홉시 즈음부터 연주를 시작하기 때문이었다. 미국에서 출발해 일본에서 상하이로 건너왔다고 했다. 토미 아저씨의 나이는, 묻지는 않았지만 넉넉히 일흔은 되어 보였다. 재즈여서 더욱 그럴 것이기도 하겠지만 밴드는 넉넉하게 일흔부터 열댓 살까지 함께였다. 어느 쪽에 '부터'를 붙여야 하는 것인지는 모르겠지만. 듀크 엘링턴을 좋아한다고 말한 지 한 일주일쯤 지났고 나는 약간 주춤거리면서 망설이고 있었다. 맥주를 세 잔째 주문했고 가만히 앉아 나는 불안하기도 했을 것이다. 며칠째 비슷한 단어를 적고 있었다.

외로움을 잊거나 해소하거나 잃거나 이기기 위해서 내가 소비한 것들에 대해 생각한다. 나는 외로워서 많은 음식을 한꺼번에 먹으며 아무것도 생각하지 않으려고 한 적이 있다. 한 번에 만 원이나 이만 원쯤 썼을 것이다. 나는 그것을 벌기 위해 내가 씹어 삼킨 것보다 긴 시간을 일했을 것이다. 나는 친구나 친구가 아닌 사람들을 만난 적이 있다. 만남에서 삼사만 원쯤 썼을 것이다. 나는 내가 만나서 웃어버린 시간보다 더 오래 손이 부르텄을 것이다. 나는 외로워서 처녀를 버린 적이 있다.

"상하이 사람들은 참 좋은 사람들이야."
"네, 그렇죠. 그런데 그거 알아요? 나는 상하이 사람이 아니에요."
나는 다들 비슷하게 생긴 특히 비슷하게 생긴, 그러니까 상하이여서 어쩌면 약간 새침했을 수도 있고 내가 외로워서 소비하는 것들에 대해 생각하고 있었을 수도 있었을 것이다. 차

라리 나는 눈이 파랗고 머리가 빨간 나라에서 혼자였다면.

　그런 나라라면 혼자여도 괜찮아, 도장을 쾅쾅 찍어준 느낌이 든다. 너는 외국인인 게 분명하니까 혼자인 것이 당연하다, 밑에 서명이라도 한 허가증을 품고 있는 느낌이 들어. 하지만 이렇게 도무지 검은 머리인 틈에서 나는 혼자인 것에 약간 새침해지기도 했을 것이다. 나는 토미 아저씨가 내가 상하이 사람인 줄 알고 상하이 사람을 칭찬했을 수도 있겠다는 생각을 좀 했지만 토미 아저씨는 아무런 대답도 하지 않았고 다시 연주할 시간이 되었는지 무대로 돌아갔다. 듀크 엘링턴이 잠시 흘렀다. 정식 연주는 아니었고 사람들이 음악을 들으려고 몸을 돌린 사이 그쳤지만, 짧은 시간에 나는 금세 도장 따윈 괜찮아졌다. So Far, So Good이었다.